U0737979

普通高等教育"十二五"规划教材（高职高专教育）

BIANDIAN YUNXING

变电运行

主　编　杨　娟
副主编　周卫星
编　写　饶玉凡　袁　源　李　佳
主　审　李亦廓

中国电力出版社
CHINA ELECTRIC POWER PRESS

内 容 提 要

本书为普通高等教育"十二五"规划教材(高职高专教育)。

本书共分五大项目,包括变电站电气设备巡视、变电站电气设备维护、变电站倒闸操作、变电站电气设备异常处理、变电站事故处理。本书实践性、实用性强,具有很好的针对性和可操作性。

本书不仅可作为高职高专院校电力技术类专业教材,也可作为变电站运行人员的技能鉴定培训教材,同时还可供相关工程技术人员参考。

图书在版编目(CIP)数据

变电运行/杨娟主编 .—北京:中国电力出版社,2012.2
(2021.1重印)

普通高等教育"十二五"规划教材 . 高职高专教育
ISBN 978 - 7 - 5123 - 2603 - 3

Ⅰ.①变… Ⅱ.①杨… Ⅲ.①变电所—电力系统运行—高等职业教育—教材 Ⅳ.①TM63

中国版本图书馆 CIP 数据核字(2012)第 010346 号

中国电力出版社出版、发行

(北京市东城区北京站西街 19 号 100005 http://www.cepp.sgcc.com.cn)
北京传奇佳彩数码印刷有限公司印刷
各地新华书店经售

*

2012 年 2 月第一版 2021 年 1 月北京第四次印刷
787 毫米×1092 毫米 16 开本 9.5 印张 226 千字
定价 26.00 元

前 言

本书为满足高职高专教育改革与发展的需要，培养技能应用型人才而编写。

目前，国内有关变电运行的教学资料，往往侧重于理论。本书作为校企合作开发教材，最大的特点是依据变电站变电运行实际工作中，变电站变电值班员岗位对理论知识和职业技能的需求，用理论分析操作任务，用行业标准规范实际操作，将理论与实践融为一体设置项目；整个教学过程可结合变电仿真系统及多媒体教学手段实现以项目为导向的任务驱动式"教、学、做"一体化，实现学生毕业即能上岗。

本书项目一由长沙电力职业技术学院周卫星编写，项目二由长沙电业局变管所高级技师李佳编写，项目三由长沙电力职业技术学院饶玉凡编写，项目四由长沙电业局变管所工程师袁源编写，项目五由长沙电力职业技术学院副教授杨娟编写。本书由长沙电力职业技术学院杨娟任主编，长沙电力职业技术学院周卫星任副主编。

本书由长沙电业局变管所高级技师李亦廓主审，提出了宝贵的意见，在此表示衷心感谢。

由于编者水平有限，疏漏之处在所难免，敬请读者批评指正。

编 者
2012 年 1 月

目　　录

绪　　论

电力系统是指由生产、输送、分配和使用电能的发电机、变压器、输配电线路及各种用电设备连接在一起并和继电保护、自动装置、调度自动化和通信等相应的辅助系统组成的统一体。在电力系统中，发电机生产电能；变压器变换电压，传输电能；输配电线路传输和分配电能；用户使用电能。

变电站是电力系统的中间环节，变电站主要由馈电线（进线、出线）和母线，隔离开关，断路器，主变压器（主变），站用变压器（站用变），电压互感器 TV、电流互感器 TA，避雷器及继电保护、自动装置、调度自动化和通信设备等相应的辅助设备组成。变电站主要起着变换电压、调整电压、接受、传输和分配电能的作用。它把高电压等级的电能变为用户所需要的各级电压等级的电能，以满足用户的需要。

变电运行的基本任务是给用户提供优质、可靠而充足的电能，确保电力系统安全、经济运行。变电运行工作的主要内容是：变电站电气设备巡视与维护，变电站倒闸操作，变电站异常运行及事故处理。本教材以典型的 220kV 双母线接线变电站为例，讲解确保完成变电运行基本任务的各项主要工作。

220kV 双母线接线变电站一次系统接线图如图 0-1 所示。

1. 220kV 变电站一次系统正常运行方式

（1）220kV：电厂Ⅰ线 221、电源Ⅰ线 223、Ⅰ#主变 201 在Ⅰ母线；电厂Ⅱ线 222、电源Ⅱ线 224、Ⅱ#主变 202 在Ⅱ母线；母联 225 断路器、225-1、225-2 隔离开关均在合闸位置；Ⅰ#主变 220kV 中性点 D10-2 接地开关在断开位置；Ⅱ#主变 220kV 中性点 D20-2 接地开关在合闸位置。

（2）110kV：电站Ⅰ线 111、电站Ⅲ线 113、Ⅰ#主变 101 在Ⅰ#母线；电站Ⅱ线 112、电站Ⅳ线 114、Ⅱ#主变在Ⅱ母线；母联 115 断路器、115-11、115-2 隔离开关在合闸位置；Ⅰ#主变 110kV 中性点 D10-1 接地开关在断开位置；Ⅱ#主变 110kV 中性点 D20-1 接地开关在合闸位置。

（3）10kV：Ⅰ#主变 001 断路器带Ⅰ母线负荷；Ⅱ#主变 002 断路器带Ⅱ母线负荷；分段断路器 016 已拉开，016-1、016-2 在合闸位置，016 断路器自投装置运行。

（4）站用电系统：Ⅰ#站用变通过 015 断路器与 10kVⅠ母线相连，低压侧通过 381 断路器与低压 380/220VⅠ母线相连；Ⅱ#站用变通过 021 断路器与 10kVⅡ母线相连，低压侧通过 382 断路器与低压 380/220VⅡ母线相连；Ⅰ#、Ⅱ#站用变低压侧为单母线分段接线，低压Ⅰ母线、Ⅱ母线分段断路器 312 已拉开（热备用状态）。（注：380/220V 母线及相关设备在图 0-1 中未画出）

（5）变电站直流系统：220V 单母线分段，双组蓄电池，控制母线与合闸母线共用。高频开关充电屏Ⅰ接Ⅰ段直流母线，高频开关充电屏Ⅱ接Ⅱ段直流母线，直流Ⅰ、Ⅱ段分段运行，Ⅰ段母线切换开关切至 1#充电屏，Ⅱ段母线切换开关切至 2#充电屏，3#充电屏可代 1#、2#充电屏运行。直流Ⅰ段母线上负荷分配：第一组控制保护电源开关均投入，1#主

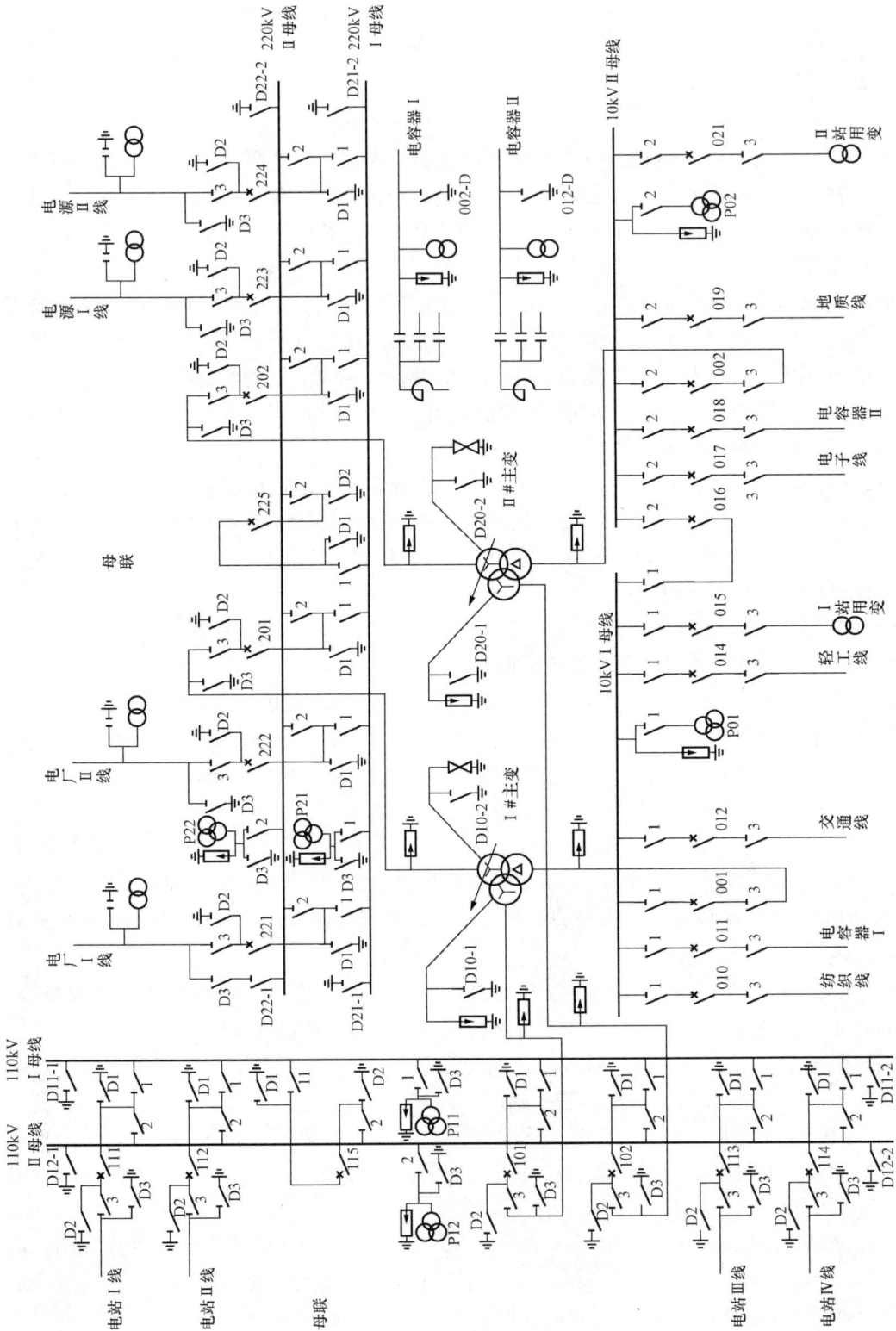

图 0 - 1　220kV 双母线变电站接线图

变冷控箱、事故照明切换开关等投入，第二组控制保护电源开关均退出且将熔断器扭松；直流Ⅱ段母线上负荷分配：第二组控制保护电源开关均投入，Ⅱ♯主变冷控箱、UPS 电源屏开关等投入，第一组控制保护电源开关均退出且将熔断器扭松。

2. 220kV 变电站二次系统正常运行方式

（1）220kV：电厂Ⅰ线 221、电厂Ⅱ线 222、电源Ⅰ线 223、电源Ⅱ线 224 线路保护配置两套保护。220kV 线路保护Ⅰ屏为 CSL101D 数字式线路保护装置，配有专用光纤通道的光纤分相差动保护，三段式相间和接地距离保护，四段零序方向保护，失灵启动，三相不一致保护，充电保护，综合重合闸，故障录波，电压切换箱，分相操作箱；220kV 线路保护Ⅱ屏为 CSL-103B 数字式线路保护装置，配有纵联分相差动保护，三段式相间和接地距离保护，四段零序方向保护，电压切换箱，采用高频载波通道传送保护信号。这实现了双主、双后备的保护配置原则。

220kV 母线保护为差动保护，配置了两套保护。220kV 母差保护（母线差动保护）Ⅰ屏为 WMH-800 微机母线保护装置，配有比率制动特性的电流差动保护，复合电压闭锁，母联（分段）断路器充电保护，断路器失灵保护，母联断路器失灵死区保护，TA 断线闭锁及告警，TV 断线告警；220kV 母差保护Ⅱ屏为 WMZ-41B 微机母线保护装置，配有电流差动保护，复合电压闭锁，母联断路器失灵（死区）保护及充电保护，断路器失灵保护，TA 断线闭锁及告警，TV 断线告警，直流稳压消失监视。

另外，220kV 失灵保护为 WSL-200 微机母线失灵保护装置。

（2）110kV：电站Ⅰ线 111、电站Ⅱ线 112、电站Ⅲ线 113、电站Ⅳ线 114 线路保护为 WXH-811 微机线路保护装置，配有三段式相间和接地距离保护，四段零序方式保护，三相一次重合闸；110kV 母线保护为差动保护，配置了 WMH-800 微机母线保护装置。

（3）10kV：10kV 配电线路保护为 WXH-821 微机线路保护测控装置，配有电流速断保护、过电流保护及三相一次重合闸；电容器组保护为低电压、过电压、过电流保护和零序平衡保护；分段断开，自投运行；Ⅰ♯主变 001 跳闸（包括偷掉）016 自投，Ⅱ♯主变 002 跳闸（包括偷掉）016 自投。

（4）主变保护：Ⅰ♯、Ⅱ♯本站主变压器配置两套保护。主变压器保护Ⅰ屏为 WBH-801（集成了一台变压器的全部主后备电量类保护）和 WBH-802（集成了变压器的全部非电量类保护）微机变压器保护装置，并配有 FCZ-832S 高压侧断路器操作箱（含电压切换），完成主变的一套电量类保护、非电量类保护和高压侧的操作回路及电压切换回路功能；主变压器保护Ⅱ屏为 WBH-801 微机变压器保护装置，并配有 FCZ-813S 中压侧和低压侧断路器操作箱（含中压侧电压切换），ZYQ-812 高压侧电压切换箱，完成主变的第二套电量类保护和中、低压侧的操作回路及高中压侧电压切换回路功能。这实现了双主、双后备保护配置原则。

其中，电量类保护有：差动保护；220kV 复压（方向）过电流保护，220kV 零序电流保护（零序方向I段保护、零序方向Ⅱ段保护、零序过电流保护、中性点零序过电流保护），220kV 间隙保护；110kV 复压（方向）过电流保护，110kV 零序电流保护（零序方向I段保护、零序方向Ⅱ段保护、零序过电流保护、中性点零序过电流保护）；10kV 复压（方向）过电流保护。

非电量类保护有：本体重瓦斯保护，调压重瓦斯保护，压力释放保护，冷却器故障保护，绕组温度保护，油温保护。

（5）Ⅰ♯、Ⅱ♯站用变配置有 RCS-9621A 成套保护装置。

项目一　变电站电气设备巡视

为了监视变电站电气设备的运行情况，以便及时发现和消除设备缺陷，预防事故的发生，确保设备安全运行。每个值班人员必须严格按照规程要求，认真负责，一丝不苟地做好变电站电气设备巡视检查工作。

一、电气设备巡视检查的规定

（一）巡视人员专业素质要求

（1）熟悉各类电气设备的工作原理和结构性能。

（2）掌握变电站主要电气设备铭牌规范、主要技术参数。

（3）了解变电站设备定级状况和尚存的设备缺陷。

（4）掌握《电力安全工作规程（发电厂和变电所电气部分)》的有关规定，并经考核合格。

（二）巡视应执行原部颁《电力安全工作规程》有关规定

原部颁《电力安全工作规程（发电厂和变电所电气部分)》，对高压设备的巡视有下列规定：

（1）经企业领导批准允许单独巡视高压设备的值班员和非值班员，巡视高压设备时，不得进行其他工作，不得移开或越过遮拦。

（2）雷雨天气，一般不进行室外巡视，确实需要巡视室外高压设备时，应穿绝缘靴，并不得靠近避雷器和避雷针，防止雷击泄放电流产生危险的跨步电压对人的伤害，防止避雷针上产生较高电压对人的反击，以及有缺陷的避雷器在雷雨天气可能发生爆炸对人的伤害。

（3）高压设备发生接地时，室内不得接近故障点 4m 以内，室外不得接近故障点 8m 以内。进入上述范围的人员必须穿绝缘靴。当接触设备外壳和架构时，应带绝缘手套。

（4）巡视配电装置，进出高压室，必须随手将门锁好，以防小动物进入室内。

（5）高压室的钥匙至少应有 3 把，由配电值班人员负责保管，按值移交。一把专供紧急时使用，一把专供值班员使用，其他可以借给许可单独巡视高压设备的人员和工作负责人使用，但必须登记签名，当日交回。

（三）按照规定的巡视检查路线进行巡视

（1）目的。为了防止巡视检查中漏巡设备，减少重复巡视，首先应明确设备巡视检查路线。

（2）相关规定。①巡视检查路线应报技术部门领导批准后，绘制出本站的巡视检查路线图，并在设备区做好必要的巡视检查路线标志。②运行人员应按规定路线和设备巡视项目对一、二次设备逐台进行认真巡视检查。

（四）巡视过程的注意事项

（1）巡视高压配电装置一般应两人同行。经考试合格后，由单位领导批准，可允许巡视高压设备的人员单独巡视。

（2）对巡视中发现的缺陷应分析其起因、发展和后果，并采取适当措施限制其发展。按设备缺陷管理制度的要求，做好记录，分类上报。属于一类缺陷，除立即报告当值调度和有关领导外，还应加强监视，做好事故预想。

巡视时做到"三比较"，即与规程比较、与同类设备比较、与前次检查比较。

（3）运行人员必须认真、按时巡视设备。

（4）巡视高压设备时，人体与带电导体的安全距离不得小于安全工作规程的规定值，严防因误接近高压设备而引起触电事故的发生。

（5）巡视无人值班变电站时，必须在变电站出入登记本上登记。离站前，必须将门、窗和灯关好。

（五）巡视类型及其巡视周期规定

1. 日常巡视检查

日常巡视检查在不同运行管理模式下，不同地方巡视周期及规定不同。

（1）值班制。日常巡视是指运行人员每天对设备的巡视。日常巡视的次数一般按下列情况进行：交接班巡视、高峰负荷巡视和夜间闭灯巡视。

1）交接班巡视：是指在交接班过程中对设备的巡视检查，在交接班时进行。

2）高峰负荷巡视：是指每天对设备的正常巡视检查，常规情况下，在每天中午 14：00 ～ 14：30 进行。

3）夜间闭灯巡视。主要是要求运行人员在夜间黑暗中检查设备接点、接头的发热烧红、电晕放电等情况，在每晚的 21：00 ～ 22：00 进行。

（2）维操队。运行人员每 2～3 天对设备巡视一次，每半月进行一次晚间闭灯巡视。

2. 定期巡视检查

定期巡视检查是指运行人员在规定的周期时间里，对设备进行全面详细的巡视检查。定期巡视周期及巡视内容按站内的有关规定执行。

全面巡视：每月应进行全站标准化作业巡视一次，主要内容是对设备全面的外部检查，对缺陷有无发展做出鉴定，检查设备薄弱环节，检查防火、防小动物、防误闭锁等有无漏洞，检查接地网及引线是否完好等。

3. 特殊巡视检查

特殊巡视检查是指运行人员根据设备的运行情况、外部环境的变化和系统的运行状况有针对性地重点巡视。下列情况下应进行特殊巡视。

（1）设备过负荷或负荷有明显增加时。

（2）设备经过检修、改造或长期停用后重新投入系统运行，新安装设备投入系统运行。

（3）设备异常运行或运行中有可疑的现象。

（4）恶劣气候或气候突变。

（5）事故跳闸。

（6）设备存在缺陷未消除前。

（7）法定节、假日或上级通知有重要供电任务期间。

（8）其他特殊情况。

二、电气设备巡视检查的方法

（一）通过巡视检查人员的感官进行巡视

（1）目测检查法，即用眼睛来检查看得见的设备部位，通过设备外观的变化来发现异常情况。通过目测可以发现的异常现象有：①破裂、断线；②变形（膨胀、收缩、弯曲）；③松动；④漏油、漏水、漏气；⑤污秽；⑥腐蚀；⑦磨损；⑧变色（烧焦、硅胶变色、油变黑）；⑨冒烟，接头发热；⑩产生火花；⑪有杂质异物；⑫表计指示不正常，油位指示不正常；⑬不正常的动作等。

（2）耳听判断法，即用耳朵或借助听音器械，判断设备运行时发出的声音是否正常，有无异常声音。

（3）鼻嗅判断法，即用鼻子辨别是否有电气设备的绝缘材料因过热而产生特殊气味。

（4）触试检查法，即用手触试设备的非带电部分（如变压器的外壳、电机的外壳），以检查设备的温度是否有异常升高。

（二）仪器检测法

仪器检测法，即借助测温仪定期对设备进行检查，是发现设备过热的最有效的方法，目前使用较广。

（三）在线监测法

在线监测法，即通过计算机自动巡视来实现在线监测。目前可在线监测的项目有在线检测避雷器、主变压器铁芯、电流互感器、电容器、110kV 和 220kV 电容型套管、35kV 断路器等设备的绝缘状况。

（四）工业电视法

采用红外成像仪成像，经计算机处理和电视机相连，以使运行人员能随时监测有关设备情况；或在主要设备附件安装摄像机，经远动自动化装置把信号传到中心站。目前工业电视法虽然还不成熟，但该法在变电站的推广应用将是发展趋势。

三、电气设备巡视检查的项目

（一）电气设备的正常巡视内容

（1）设备运行情况。

（2）充油设备有无漏油、渗油现象，油位、油压指示是否正常。

（3）充气设备有无漏气，气压是否正常。

（4）设备接头触头有无发热、烧红现象，金具有无变形、螺丝有无断损和脱落、电晕放电等情况。

（5）运转设备（如冷却器风扇、油泵和水泵等）声音是否异常。

（6）设备干燥装置是否已失效（如硅胶变色）。

（7）设备绝缘子、瓷套有无破损和灰尘污染。

（8）设备的计数器、指示器（如避雷器动作计数器、断路器液压操动机构液泵启动指示器和断路器操作指示器等）的动作和变化指示情况。

（9）除上述巡视内容外还应对下列内容进行巡视。

1）设备遮拦应上锁，标志及告警牌应醒目齐全。

2）配电装置、站用变压器室及蓄电池室门窗关闭严密。

3）灯光、音响应正常，测量表计指示正确。

4）电缆头无损坏漏油，半导体绝缘子无过热现象。

5）阴雨后应检查站房是否漏水，基础有无下沉、倾斜，电缆沟是否积水。

6）备用设备应始终保持在可用状态，其运行巡视与运行中的设备要求相同。

（二）电气设备的特殊巡视内容

（1）断路器故障跳闸后或新投运的断路器，应查油色、油位是否正常，有无喷油、漏油，接线端子是否松动或过热，机械有无变形，绝缘有无损伤等。

（2）变压器过负荷时或轻瓦斯动作后，应查上层油面、油温，主变压器声响，冷却系统有无故障，核算过负荷值及允许运行时间，轻瓦斯动作时间间隔，接触点接触是否良好等。

（3）高峰负荷期间，注意设备接头及导线有无发红过热现象及热气流现象。

（4）恶劣天气时，查设备有无放电，有无异物搭挂及接头过热现象，是否结冰等。对气候变化或突变等情况有针对性地对设备进行检查的要求如下。

1）气候暴热时，应检查各种设备温度和油位的变化情况，是否过高，冷却设备运行是否正常，油压和气压变化是否正常。

2）气候骤冷时，应重点检查充油充气设备的油位变化情况，油压和气压变化是否正常，加热设备是否启动、运行是否正常等情况。

3）大风天气时，应注意临时设备牢固情况，导线舞动情况及有无杂物刮到设备上的可能，室外设备箱门是否已关闭好。

4）降雨、雪天气时，应注意室外设备接头、触头等处及导线是否有发热和冒汽现象。

5）大雾潮湿天气时，应注意套管及绝缘部分是否有污闪和放电现象，端子箱、机构箱内是否有凝露现象。

6）雷雨天气后，应注意检查设备有无放电痕迹，避雷器放电记录器是否动作。

四、电气设备巡视工作基本流程

变电站电气设备巡视工作的基本流程如下。

（1）各变电站制定巡视计划。

（2）运行单位审核批准各变电站制定的巡视工作计划。

（3）值班负责人分配巡视任务，巡视人员做好巡视准备。

（4）按照巡视路线开展设备巡视。

（5）巡视过程中发现设备缺陷，按照设备缺陷处理流程执行。

（6）巡视结束后，做好巡视后的记录整理。

（7）资料归档。

任务一　变电站一次设备巡视

一次设备是指直接参与生产、输送、分配和使用电能的设备。变电站一次设备有变压器、断路器、隔离开关、母线、电力电缆、电力电容器、互感器、避雷器等。

为了监视变电站一次设备的运行情况，以便及时发现和消除一次设备缺陷，预防事故的发生，确保设备安全运行，必须严格按照规程要求，认真负责地对变电站一次设备进行巡视检查。

任务 1.1　变压器巡视

1.1.1　任务分析

（1）熟悉整个变电站设备的投运情况（看懂一次主接线图）。

（2）熟悉设备编号及设备位置分布。

（3）熟悉变压器巡视部位及巡视标准。

（4）将异常现象与巡视标准进行比较，确定缺陷处理办法。

1.1.2　相关知识

（1）在变压器巡视前应熟悉变压器的结构、原理、铭牌参数及仪器仪表的使用方法。

（2）巡视工具见表1-1。

表1-1　　　　　　　　　　变压器巡视工具一览表

序号	使用工具及材料	规格及型号	数　量
1	听针（一端带圆球）	φ5mm、L50cm	1根
2	手电筒	3节	1只
3	红外测温仪		1台
4	望远镜		1副
5	记录本		1本

（3）危险点及其控制措施见表1-2。

表1-2　　　　　　　　　　危险点及其控制措施

序号	危险点	控　制　措　施
1	巡视人员摔伤、撞伤	（1）巡视高压设备必须戴好安全帽，且巡视路线上的盖板必须稳固 （2）巡视路线上不得有障碍物，若检修工作需要揭开盖板或堆放器材、堵塞巡视路线时，应在其周围装设遮拦和警示灯 （3）巡视设备需要倒退行走时，须防止踩空和被电缆沟等障碍物绊倒或撞伤、摔伤
2	触电或跨步电压伤人	（1）巡视设备时，严禁移开或越过遮拦，不得进行其他工作 （2）雷雨天气，巡视室外高压设备时，应穿绝缘靴，并不得靠近避雷器和避雷针 （3）高压设备发生接地时，室内不得接近故障点4m以内，室外不得接近故障点8m以内，进入上述范围的人员必须穿好绝缘靴，接触设备的外壳和构架时应戴好绝缘手套

1.1.3　任务实施

在现场或仿真变电站按照规定的巡视路线巡视到主变压器时，对照巡视卡找出变压器的巡视点，根据每个巡视点的现象判断运行中变压器有何缺陷，记录到巡视卡上。

（1）变压器本体巡视内容及标准见表1-3。

表1-3　　　　　　　　　　变压器本体巡视内容及标准

序号	巡视内容	巡　视　标　准
1	上层油温	（1）变压器本体绕组温度计完好、无破损； （2）记录变压器上层油温数值，上层油温限值85℃、温升限值：45℃； （3）主控室远方测温数值正确，与主变本体温度指示数值相符，将主变各部位所装温度计的指示相互对照、比较； （4）相同运行条件下，上层油温比平时高10℃及以上，或者负荷不变但油温不断上升，均为异常

序号	巡视内容	巡　视　标　准
2	检查变压器的油位、油色	(1) 变压器指针式油位计指示正常，符合现场运行规程有关规定； (2) 正常油色应为透明的淡黄色； (3) 油位计应无破损和渗漏油，没有影响察看油位的油垢
3	变压器本体、附件及各连接处无渗漏油	渗漏油的部位，1min 超过 1 滴，属于漏油
4	检查变压器变本体及调压气体继电器	(1) 气体继电器内应充满油，油色应为淡黄色透明，无渗漏油；气体继电器内应无气体(泡)； (2) 气体继电器防雨措施完好，防雨罩牢固； (3) 气体继电器的引出二次电缆应无油迹和腐蚀现象，无松脱
5	运行中的声音	变压器正常应为均匀的嗡嗡声音，无放电等异音，如声音不均匀，应向上级汇报
6	压力释放装置	压力释放器无油迹，二次电缆及护管无破损或被油腐蚀
7	呼吸器	(1) 硅胶颜色无受潮变色；如硅胶变为红色，且变色部分超过硅胶体积的 1/3，应更换硅胶； (2) 呼吸器外部无油迹；油杯完好，油位正常
8	外壳及接地	外壳无污秽，且接地良好

（2）套管及主导流部分巡视内容及标准见表 1-4。

表 1-4　　　　　　　　　　**套管及主导流部分巡视内容及标准**

设备名称	序号	巡视内容	巡　视　标　准
主变三侧套管	1	油位	(1) 油位指示正常； (2) 油位计内油位不容易看清楚时，可采用以下方法： 1）多角度观察； 2）两个温差较大的时刻所观察的现象相比较； 3）与其他设备的同类油位计相比较； 4）比较油位计不同亮度下的底板颜色； (3) 油位计应无破损和渗漏油，没有影响察看油位的油垢
	2	油色	正常油色应为透明的淡黄色
	3	绝缘子	应清洁，无破损、裂纹，无放电声
	4	法兰	应无裂纹和严重锈蚀
	5	110～220kV 套管末屏	接地良好
主变外部主导流部分	1	主导流接触部位是否接触良好、有无发热现象	(1) 引线夹压接牢固、接触良好，无变色、变形，铜铝过渡部位无裂纹； (2) 主导流接触部位，看有无变色、有无氧化加剧、有无热气流上升、夜间有无发红等； (3) 雨雪天气，检查主导流接触部位，看有无积雪融化、有无水蒸气现象； (4) 以上检查，若需要鉴定，应使用测温仪对设备进行检测

设备名称	序号	巡视内容	巡视标准
主变外部主导流部分	2	引线有无断股、线夹有无损伤、接触是否良好	（1）引线无断股、无烧伤痕迹；若发现引线有散股现象，应仔细辨认有无损伤、断股； （2）检查母线、导线弧垂是否过大，对地、相间距离是否正常，有无挂落异物
	3	10kV 母线桥	（1）检查母线桥接头有无松动； （2）观察接头线夹有无变色严重、氧化加剧，夜间熄灯察看有无发红等，以检查接头是否发热； （3）以上检查，若需要鉴定，应使用测温仪对设备进行检测； （4）检查母线固定部位有无窜动等应力现象； （5）母线悬式绝缘子无污脏、破损及放电迹象
	4	10kV 母线桥穿墙套管	检查瓷质部分完好、清洁，无破损、放电痕迹

（3）有载调压装置巡视内容及标准见表1-5。

表1-5　　　　　　　　　　　　有载调压装置巡视内容及标准

序　号	巡视内容	巡视标准
1	运行状态指示	有载调压装置电源指示正确，并投入于"远控"位置
2	有载调压机构	密封良好、驱潮器投入正常；挡位指示与控制屏、后台机一致，且与实际挡位相符
3	油枕	有载调压装置油枕的油位指示正常
4	分接断路器、气体继电器	分接断路器、气体继电器无渗漏油现象

（4）主变风冷系统巡视内容及标准见表1-6。

表1-6　　　　　　　　　　　　主变风冷系统巡视内容及标准

序　号	巡视内容	巡视标准
1	风扇	变压器风扇运转正常，无异常声音，风叶无抖动、碰壳；对称开启运行
2	潜油泵	运转方向正确，无异常声音，无渗漏油
3	散热器	散热装置清洁，散热片不应有过多的积灰等附着脏物
4	风冷系统运行方式	冷却器投入、辅助装置、备用组数应符合制造厂和现场运行规程的规定，位置正确，相应位置指示灯指示正确

（5）主变中性点设备巡视内容及标准见表1-7。

表1-7　　　　　　　　　　　　主变中性点设备巡视内容及标准

序　号	巡视内容	巡视标准
1	中性点接地开关位置	符合电网运行要求，与变压器有关保护投退方式相对应

续表

序号	巡视内容	巡视标准
2	中性点电流互感器	套管无破损、裂纹，引线连接良好，无渗漏油现象
3	接地装置	完好、无松脱及脱焊
4	避雷器	(1) 清洁无损、无放电现象，法兰无裂纹锈蚀、进水等现象 (2) 内部应无响声，本体无倾斜 (3) 放电计数器完好，并可记录动作次数 (4) 引线完好，接触牢靠，线夹无裂纹

（6）主变端子箱、风冷控制箱巡视内容及标准见表 1-8。

表 1-8   主变端子箱、风冷控制箱巡视内容及标准

序号	巡视内容	巡视标准
1	箱体、箱门	箱内清洁，箱门关闭严密
2	内部	(1) Ⅰ、Ⅱ段电源投入灯亮，各运行冷却器指示灯亮，工作冷却器控制选择断路器在"工作"位置，无其他异常信号灯； (2) 接触器启动正常，接触良好，无发热现象和异常响声； (3) 冷却器工作电源选择在"Ⅱ"位置； (4) 箱内加热器、照明均正常； (5) 箱内接线无松动、无脱落、无发热痕迹，孔洞封堵严密

1.1.4 拓展提高

遇下列情况时，对变压器应进行特殊巡视：

1）新设备或经过检修、改造的变压器在投运 72h 内。

2）变压器存在缺陷且近期有发展迹象时，要加强巡视，防止缺陷发展成事故。

3）高温季节、高峰负荷期间，变压器过负荷或过电压运行时。

变压器特殊巡视包括以下内容。

1）高温季节、高峰负荷期间、变压器过负荷或过电压运行时，每小时至少巡视一次，特别要注意温度和接头是否过热，声音是否异常，以及冷却系统运行情况。

2）大风时，检查变压器附近应无容易被吹起的杂物，防止杂物吹落到变压器带电部位，引起短路，同时应注意引线摆动情况。

3）大雾和小雨、雪天气，检查套管瓷瓶应无严重电晕、闪络和放电现象。

4）大雨、雪天气，检查引线接头应无积雪，无雪溶化过快和冒气现象，并注意气体继电器、油位计、温度计等附件积雪情况。

5）雷雨后，检查变压器各侧避雷器计数器的动作情况，判断主变有无遭雷击过电压。

6）特殊天气、节假日和上级有特殊保电任务期间，必须增加特殊巡视次数。

任务 1.2 断路器巡视

1.2.1 任务分析

（1）熟悉整个变电站设备的投运情况。

（2）熟悉设备编号及设备位置分布。

（3）熟悉断路器巡视部位及巡视标准。

（4）将异常现象与巡视标准进行比较，确定缺陷处理办法。

1.2.2 相关知识

应熟悉断路器的工作原理、结构、铭牌参数等相关知识。

1.2.3 任务实施

在现场或仿真变电站按照规定的巡视路线巡视到断路器时，对照巡视卡找出断路器的巡视点，根据每个巡视点的现象判断运行中断路器有何缺陷，记录到巡视卡上。

断路器巡视内容及标准见表1-9。

表1-9   断路器巡视内容及标准

序　号	巡视内容	巡视标准
1	断路器位置	分、合闸指示器指示正确，断路器的实际分合闸位置与机械、电气指示一致，与实际运行状态一致
2	断路器液压操动机构（油位、油色、压力表指示及有无渗漏油）	（1）机构箱柜门无变形，开启灵活、密封良好、接地良好、箱内照明良好； （2）机构箱内部无结露现象； （3）断路器操动机构油箱油位，不超过油位线正常范围，油色正常； （4）机构管路及各连接处无渗、漏油； （5）机构无异常声音、异味； （6）液压机构压力表指示，应在额定工作压力31.6～32.6MPa（20℃时）范围内（不同型号断路器参数不同）； （7）机构箱各快分开关位置正确，远近控切换开关正常在远控位置； （8）机构箱内其他元件完好； （9）箱内清洁，无异常气味； （10）二次线无松脱及发热现象； （11）孔洞封堵严密
3	断路器套管、支持瓷瓶	（1）套管、支持瓷瓶清洁、完好，无破损、裂纹、电晕放电声； （2）并联电容器无渗、漏油
4	主导流部分	（1）断路器引线及线夹压接牢固、接触良好，无变色、铜铝过渡部位无裂纹； （2）利用检查导线及线夹的颜色变化、有无热气流上升、氧化加剧、示温片或变色漆有无融化变色现象、夜间熄灯察看有无发红等方法，检查主导流部分应无发热； （3）雨雪天气，引线、线夹应无积雪融化、水蒸气现象进行检查是否发热； （4）以上检查，若需要鉴定，应使用测温仪对设备进行检测； （5）高处的引线应无断股、无烧伤痕迹，可使用望远镜
5	断路器SF$_6$气体压力	（1）断路器SF$_6$压力表指示应在0.6±0.15MPa（20℃时）范围，压力值应与环境温度相对应； （2）密度继电器完好、正常，无异常报警信号； （3）断路器本体周围无刺激性气味及其他异味、异常声音

序　号	巡视内容	巡　视　标　准
6	断路器声音	断路器无任何异常声音
7	端子箱	（1）箱门开启灵活、密封良好、无变形锈蚀，接地良好； （2）内部清洁，无异常气味、无结露； （3）机构箱各快分断路器位置正确； （4）二次线无松脱及发热现象，元件、电缆、隔离开关、断路器、电流互感器等的标志正确、清晰； （5）电缆二次线孔洞封堵严密
8	其他	（1）设备编号牌齐全、清晰、无损坏； （2）相序标注清晰； （3）基础无倾斜、下沉

1.2.4　拓展提高

（1）断路器的特殊巡视。

1）夜间重点检查各接头处有无发红，发热，瓷质部件有无闪络放电。

2）断路器机构箱、端子箱内、开关柜是否有受潮现象，检查瓷件有无严重放电、闪络现象。

3）气候骤变时检查断路器 SF_6 压力表指示是否在标准范围之内。

4）高温季节、高峰负荷时应重点检查断路器引线、接头处有无过热变色现象。

特殊天气及断路器新投运或大修后投运在 72h 内应进行特殊巡视。

（2）断路器操作前的检查。

1）操作前应检查控制回路、控制电源、操动机构是否正常，SF_6 气体压力是否正常。

2）储能机构已储能，具备运行操作条件。

3）操作前，是否已投入有关保护和自动装置。

4）操作前位置指示正确，实际位置与监控机显示位置是否一致。

5）断路器检修后恢复运行时，操作前应检查所设置的安全措施是否确已拆除。

（3）断路器跳闸后的检查。

1）外部有无明显缺陷。

2）断路器各部位有无松动、损坏，绝缘子有无裂纹等异常现象。

3）断路器位置指示是否正确，本体与远方位置指示是否一致。

4）SF_6 压力指示是否正常，无漏气现象。

5）断路器引线、接头处有无过热现象。

（4）断路器合闸后的检查。

1）本体位置指示与远方位置指示是否一致。

2）三相合闸是否到位，有无断相供电现象。

3）断路器 SF_6 压力是否正常，弹簧储能指示是否正常。

4）断路器内部有无放电声或其他杂音。

5）合闸后负荷情况是否正常。

任务 1.3　隔离开关巡视

1.3.1　任务分析

（1）熟悉整个变电站隔离开关的投运情况。

（2）熟悉设备编号及设备位置分布。

（3）熟悉隔离开关巡视点及巡视标准。

（4）将异常现象与巡视标准进行比较，确定缺陷处理办法。

1.3.2　相关知识

应熟悉隔离开关的作用、结构、铭牌参数等相关知识。

1.3.3　任务实施

在现场或仿真变电站按照规定的巡视路线巡视到隔离开关时，对照巡视卡找出隔离开关的巡视点，根据每个巡视点的现象判断运行中隔离开关有何缺陷，记录到巡视卡上。

隔离开关巡视内容及标准见表 1-10。

表 1-10　　　　　　　　　　　隔离开关巡视内容及标准

序　　号	巡视内容	巡 视 标 准
1	状态	分、合闸到位
2	导引线	（1）导线无断股，无挂落异物； （2）触头接触良好； （3）观察接头有无热气流、变色是否严重、夜间熄灯巡视察看有无发红等，检查是否发热； （4）雨雪天气，设备引线、线夹主导流接触部位、隔离开关主接触部位应无积雪融化、水蒸气现象； （5）以上检查，若需要鉴定，应使用测温仪对设备进行检测
3	操动机构	（1）水平、垂直连杆无弯曲变形，锈蚀； （2）机械连锁完好、到位，闭锁锁具完好； （3）操动机构完好，助力弹簧无断股，固定牢固； （4）接地良好
4	瓷质	瓷质部分完好，清洁，无裂纹、放电现象
5	其他	（1）设备编号牌齐全、清晰、无损坏，相序标注清晰； （2）金属构架无锈蚀、变形，水泥构架无裂纹、露筋； （3）构架接地良好； （4）设备基础无下沉、倾斜
6	接地开关	（1）分、合闸到位； （2）主导流部分完好，软连接无断片、脱落； （3）水平、垂直连杆无弯曲变形，锈蚀； （4）机械连锁完好、到位，闭锁锁具完好； （5）操动机构完好，助力弹簧无断股，固定牢固； （6）接地良好； （7）设备编号牌齐全、清晰、无损坏

1.3.4 拓展提高

（1）隔离开关动力电源断路器的检查，应每月进行一次。

（2）隔离开关机构箱内的加热器回路检查，并按要求投退。

（3）高温、高负荷季节测量隔离开关触头、各电气连接点的温度。

任务 1.4 母线巡视

1.4.1 任务分析

（1）熟悉整个变电站设备的投运情况。

（2）熟悉设备编号及设备位置分布。

（3）熟悉母线巡视部位及巡视标准。

（4）将异常现象与巡视标准进行比较，确定缺陷处理办法。

1.4.2 相关知识

（1）熟悉母线的结构、作用、铭牌数据等相关知识。

（2）恶劣天气时要加强巡视，增加巡视次数。

（3）进入生产厂区应戴好安全帽，做到"两穿一戴"整齐。

（4）巡视高压设备时，应注意不得超过按不同电压等级规定的安全距离（110kV，1.5m，35kV，1.00m，10kV 及以下，0.7m）。

1.4.3 任务实施

在现场或仿真变电站按照规定的巡视路线巡视到母线时，对照巡视卡找出母线的巡视点，根据每个巡视点的现象判断运行中母线有何缺陷，记录到巡视卡上。

母线的巡视内容及标准见表 1-11。

表 1-11   母线巡视内容及标准

序 号	巡视内容	巡 视 标 准
1	硬母线及接头	（1）伸缩接头无松动、断片； （2）接头无热气流、变色不严重、夜间熄灯察看无发红等（检查是否发热）； （3）雨雪天气，设备引线、线夹主导流接触部位、隔离开关主接触部位无积雪融化、水蒸气现象； （4）以上检查，若需要鉴定，应使用测温仪对设备进行检测； （5）母线固定部位有无窜动等应力现象； （6）无挂落异物
2	母线悬式瓷瓶	无污脏、炸裂及放电迹象
3	构架	无锈蚀、变形、裂纹、损坏

1.4.4 拓展提高

（1）母线特殊巡视检查项目。

1）大风时，母线的摆动情况是否符合安全距离要求，有无异常飘落物。

2）雷雨后，瓷瓶有无放电闪络痕迹。

3）气温突变，母线弛度是否过大或收缩过紧现象。

4）雾天，绝缘子有无闪络。

（2）母线运行维护规定。

1）母线和导线的负荷电流不能超过额定值。

2）应尽量避免或缩短单母线运行方式。

任务 1.5 电容器巡视

1.5.1 任务分析

（1）熟悉整个变电站设备的投运情况。

（2）熟悉设备编号及设备位置分布。

（3）熟悉电容器巡视部位及巡视标准。

（4）将异常现象与巡视标准进行比较，确定缺陷处理办法。

1.5.2 相关知识

熟悉电力电容器的原理、结构、作用、铭牌数据等相关知识。

1.5.3 任务实施

在现场或仿真变电站按照规定的巡视路线巡视到电力电容器时，找出电力电容器的巡视点，根据每个巡视点的现象判断运行中电力电容器有何缺陷，记录到巡视卡上。

电容器的巡视内容及标准见表 1-12。

表 1-12 电容器的巡视内容及标准

设备名称	序号	巡视内容	巡 视 标 准
电容器本体	1	外壳温度	外壳温度限值60℃；外壳上的示温片无融化、变形
	2	油位、油色	（1）油位指示，应和油枕上的环境温度标志线相对应、无大偏差；（2）正常油色应为透明的淡黄色；（3）油位计应无破损和渗漏油，没有影响察看油位的油垢
	3	电容器本体、附件及各连接处无渗漏油	（1）无渗漏油（要清楚记录渗漏的部位、程度）；（2）设备本体附着有油、灰的部位，可以利用多次巡视机会检查、鉴别，应无渗油缺陷；（3）渗漏油的部位，1min超过1滴，属于漏油
	4	运行中的声音	正常应无放电等异音
	5	压力释放装置	（1）电容器外壳无明显鼓肚变形现象；（2）压力释放器无油迹，二次电缆及护管无破损或被油腐蚀
	6	呼吸器	（1）硅胶颜色无受潮变色；如硅胶变为红色，且变色部分超过硅胶体积1/3，应更换硅胶；（2）呼吸器外部无油迹，油杯完好，油位正常
	7	接地装置	电容器外壳和构架应可靠接地，接地极焊接牢固，无锈蚀现象
	8	其他	设备编号牌齐全、清晰、无损坏
电容器套管	1	套管	应清洁，无破损、裂纹，无放电声
	2	法兰	应无裂纹和严重锈蚀

续表

设备名称	序号	巡视内容	巡视标准
电容器外部主导流部位、接地开关	1	主导流接触部位	（1）引线线夹压接牢固、接触良好，无变色、变形，铜铝过渡部位无裂纹； （2）主导流接触部位，无变色、无热气流上升、变色漆无融化变色现象、夜间无发红等； （3）雨雪天气，主导流接触部位无积雪融化、水蒸气现象； （4）以上检查，若需要鉴定，应使用测温仪对设备进行检测
	2	接地开关	接地开关正常在"分"位，闭锁良好
电容器电缆及终端	1	电缆终端	（1）应无渗漏油、溢胶、放电、异常响声，表面清洁、无损伤； （2）电缆接头接触良好，无发热现象； （3）电缆终端屏蔽层接地良好；电缆标志正确，相色标志清晰，孔洞封堵严密； （4）电缆终端无变形，相间及对地距离符合规定
	2	电缆本体	电缆外皮无损伤，热缩套无开裂现象
电容器并联电抗器	1	并联电抗器本体	（1）电抗器本体外观良好，无变形现象； （2）表面漆完整，无脱落，无严重发热变色现象
	2	电容器与电抗器之间连接	电容器与电抗器之间的连接牢固可靠，接头无松动发热现象
	3	电抗器支持瓷瓶	电抗器支持瓷瓶完好，无破损，无倾斜

1.5.4　拓展提高

（1）电容器长期运行电压不应超过电容器额定电压的 1.1 倍，电流不超过额定电流的 1.3 倍。

（2）电容器环境温度不应超过 40℃，如超过 40℃时应将电容器暂时退出运行。电容器外壳温度应用示温蜡片进行检查，一般不应超过 49℃。

（3）运行中的电容器，应保证三相电流平衡；发现三相电流不平衡，应对电容器进行检查。

（4）每组电容器都装有放电指示灯，灯具和灯泡应良好，电容器运行时，指示灯应亮。

任务 1.6　电流互感器巡视

1.6.1　任务分析

（1）熟悉整个变电站设备的投运情况。

（2）熟悉设备编号及设备位置分布。

（3）熟悉电流互感器巡视部位及巡视标准。

（4）将异常现象与巡视标准进行比较，确定缺陷处理办法。

1.6.2　相关知识

电流互感器正常巡视检查项目及标准。

（1）瓷绝缘应完整无破损、清洁无放电现象。

（2）引线松紧适宜、接头接触良好、无过热现象。

（3）油位适中，油色正常，无渗漏现象。

（4）SF$_6$ 压力表和密度继电器压力值在规定范围内，压力表外观完好，连管接头无松动；信号试验正确。

(5) 运行中无异常声响。

(6) 端子箱应关严且密封良好，端子无受潮、打火现象。

(7) 三相电流应平衡。

1.6.3 任务实施

在现场或仿真变电站按照规定的巡视路线巡视到电流互感器时，对照巡视卡找出电流互感器的巡视点，根据每个巡视点的现象判断运行中电流互感器有何缺陷，记录到巡视卡上。

电流互感器的巡视内容及标准见表 1-13。

表 1-13　　　　　　　　　　　电流互感器巡视内容及标准

序　号	巡视内容	巡　视　标　准
1	油位	油位指示正常
	表计	(1) SF$_6$ 压力指示正常，且在绿色区域内； (2) 正常表头内充有硅油，无渗漏
2	瓷套	清洁完好，无裂纹、破损、放电痕迹
3	本体	(1) 无异常声响； (2) 本体及放油阀无渗漏油，二次接线盒无油迹
4	主导流部分	(1) 线夹无发热、裂纹； (2) 引线无断股、无烧伤痕迹
5	其他	(1) 设备编号牌齐全、清晰、无损坏； (2) 相序标注清晰； (3) 构架完好、无裂纹露筋，接地良好； (4) 无异常气味； (5) 基础无倾斜、下沉

1.6.4 拓展提高

(1) 电流互感器的二次侧不允许开路。

(2) 电流互感器不宜过负荷运行。

任务 1.7　电压互感器巡视

1.7.1 任务分析

(1) 熟悉整个变电站设备的投运情况。

(2) 熟悉设备编号及设备位置分布。

(3) 熟悉电压互感器巡视部位及巡视标准。

(4) 将异常现象与巡视标准进行比较，确定缺陷处理办法。

1.7.2 相关知识

熟悉电压互感器的原理、结构、作用、铭牌数据等相关知识。

1.7.3 任务实施

在现场或仿真变电站按照规定的巡视路线巡视到电压互感器时，对照巡视卡找出电压互感器的巡视点，根据每个巡视点的现象判断运行中电压互感器有何缺陷，记录到巡视卡上。

电压互感器的巡视内容及标准见表 1-14。

表 1-14　　　　　　　　　　　电感互感器的巡视内容及标准

序　号	巡视内容	巡视标准
1	本体	(1) 瓷质部分清洁、无渗漏油、无裂纹破损、无放电现象； (2) 法兰连接牢固，无松动裂纹
2	油位	油标玻璃清洁透明，油位指示清晰正确，油色正常，无渗油、漏油现象；通过观察 220kV 电压互感器下部油箱上圆形小窗检查油位应正常
3	导引线	(1) 线夹无发热、裂纹； (2) 引线无断股、无烧伤痕迹； (3) 二次断路器位置正确，熔断器良好； (4) 二次端子接线良好，无锈蚀、发热现象
4	TV端子箱	(1) 箱门开启灵活、密封良好、无变形锈蚀，接地良好； (2) 内部清洁，无异常气味、无结露； (3) 机构箱各快分开关位置正确，熔断器完好； (4) 二次线无松脱及发热现象，二次接线、元件、电缆、隔离开关、断路器、电压互感器等的标志正确、清晰； (5) 电缆二次线孔洞封堵严密
5	其他	(1) 设备编号牌、标示齐全、清晰、无损坏； (2) 相序标注清晰； (3) 构架完好、无裂纹露筋，接地良好； (4) 基础无倾斜、下沉

1.7.4　拓展提高

(1) 互感器外壳及二次回路必须有牢固的接地，电压互感器二次侧中性点必须用电缆引自控制室，可靠接地。

(2) 电压互感器的二次侧不允许短路；

(3) 电压互感器回路上的熔断器必须逐级配合。

(4) 电压互感器带接地故障运行不许超过 2h。

任务二　变电站二次设备巡视

变电站二次设备是指对一次设备进行控制、测量、监视和保护的电气设备。变电站二次设备有测量仪表、自动装置、继电保护、远动及控制信号器具等。

为了监视变电站二次设备的运行情况，以便及时发现和消除二次设备缺陷，预防事故的发生，确保设备安全运行，必须严格按照规程要求，认真负责地对变电站二次设备进行巡视检查。

任务 2.1　继电保护装置巡视

2.1.1　任务分析

(1) 熟悉整个变电站继电保护装置的投运情况。

（2）熟悉设备编号及设备位置分布。

（3）熟悉继电保护装置巡视项目及巡视标准。

（4）将异常现象与巡视标准进行比较，确定缺陷处理办法。

2.1.2　相关知识

（1）熟悉继电保护装置的基本原理、结构、安全注意事项、危险点及其控制措施。

（2）熟悉信号、测量及保护装置的展开图、原理图、安装图。

2.1.3　任务实施

在现场或仿真变电站按照规定的巡视路线巡视到二次设备室时，对照巡视卡找出相关的巡视点，根据每个巡视点的现象判断运行中的继电保护装置有何缺陷，记录到巡视卡上。

1. 继电保护装置的巡视检查内容及标准

（1）室外接线盒密封完好，无积水、无放电现象。

（2）屏（柜）、箱内清洁，无杂物，无潮气，接地良好，取暖、驱潮装置设施完好，能保证正常工作。正面及背面清洁，编号牌字迹清晰，柜门密封完好，孔洞封堵完好；有照明设施的检查照明设施应完好；端子排应清洁、无损坏、无锈蚀及接线松动脱落现象。

（3）二次回路各熔断器及自动空气断路器完好，标示完整，无熔断及跳闸。

（4）继电保护装置的电源、工作、信号、位置、TV切换等运行指示灯指示正确，屏面各功能小断路器位置正确，符合现场运行规程规定，无报警、异常等信号。

（5）二次电缆无破损、无受潮，每季对电缆沟中二次电缆进行一次检查。

（6）微机保护显示屏显示内容正确，符合现场运行规程规定。

（7）微机保护应定期核对时间。

（8）检查气体继电器油位观察窗应清晰、油位正常、无气体，防雨罩完好。

（9）遥信、遥测量正常，本地机与工作站主机接收数据正常，指示正确，数据刷新正常。

（10）TA二次切换连接片位置正确。

（11）测量直流电压及绝缘，数值正常。

2. 切换连接片的巡视检查

（1）切换连接片应接触良好，置于两垫片中间，牢固紧固，双编号齐全。

（2）切换连接片加用、停用的操作应根据调度指令执行，实际位置应与连接片投退卡一致。

3. 定值的巡视检查

（1）现场继电保护装置定值，应执行定值通知单的要求，固化定值区正确。

（2）定期对定值进行一次核对检查。

4. 运行测试

（1）试验后台信号、电铃、电笛等工作可靠，动作正确，远方测温装置温度与本地温度计指示相同，各种电气仪表指示正确。

（2）每天进行一次事故照明自动切换。

2.1.4　拓展提高

（1）差动保护和带方向的保护在新安装及一次设备、二次回路异动后投入运行注意事项如下。

1）当被保护设备投入时，保护应投入。

2）被保护设备带负荷前，应退出差动保护和带方向保护的连接片，作方向或不平衡电压、电流测量。

3）测量无问题后，立即投入该保护连接片。

（2）在一次系统操作中，为防止保护误动，需改变其保护运行方式时，应将保护退出运行后，方可操作；操作完毕后，应根据操作后的运行方式投入其保护。

（3）为防止寄生回路引起保护装置误动，在装直流控制熔断器或快分开关时，应按先正极、后负极的顺序操作；取控制熔断器时，顺序相反。

（4）一次设备或保护装置检修试验前（即开工前），应考虑退出以下相应连接片。

1）主变保护联跳、母联及旁路跳闸连接片。

2）低频、低电压装置跳该设备的跳闸连接片。

3）母差保护跳该设备的跳闸连接片。

4）其他停用保护联跳运行中设备连接片。

5）该设备的跳闸连接片。

（5）TV回路切换时及二次快分开关跳闸、二次熔断器熔断时，必须退出该电压回路上的下列保护。

1）距离保护。

2）低频、低电压减载装置。

3）其他可能误动的保护装置。

（6）保护动作使断路器跳闸后，运行人员应准确记录断路器跳闸的时间，详细记录所有需人工复归的保护动作信号和光字牌信号及异常情况，及时打印微机保护报告及故障录波报告。

（7）保护误动或动作原因不明造成断路器跳闸时，运行人员应保护好现场，严禁打开继电器和保护装置盖子或动二次回路，并及时汇报调度和有关领导，听候处理。

（8）一次设备的负荷电流不得超过设备所允许的负荷电流，否则应汇报调度员。

（9）凡断路器机构进行调整或更换部件后，必须经过保护带断路器传动试验，合格后，继电保护装置方可投入运行。

（10）继电保护装置的检验工作在开工前，值班人员应按《电力安全工作规程》的要求布置好安全措施，对可能引起保护装置误动的一切工作，应由该装置工作人员填用"继电保护安全措施票"并采取防止保护装置误动的有效措施。

（11）运行中继电保护装置如需改变原理接线，应有经专业主管部门批准的文件和图纸资料，经运行人员验收合格并签字后方可投入运行。

（12）当值班员发现保护有异常且可能引起保护误动时，应及时汇报当值调度员将其停用，并迅速通知检修单位。

任务2.2　备用电源自动投入装置（以CAS-225E型为例）巡视

2.2.1　任务分析

在学习备用电源自动投入装置（简称备自投装置）正常运行状态的基础上，掌握无人值班变电站备自投装置（以CAS-225E型微机型备自投装置为例）的正常运行状态的各参数值。

2.2.2 相关知识

（1）CAS-225E 型备用电源自投装置面板见图 1-1。

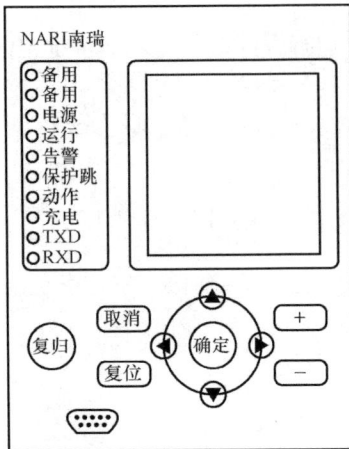

图 1-1 CAS-225E 型备用电源
自投装置面板图

各信号（指示灯等）名称、指示状态：

电源：装置正常受电时点亮。

运行：正常运行时绿灯闪亮。

告警：正常运行时不亮，装置异常时点亮。

保护跳：正常运行时不亮，断路器跳闸时点亮。

动作：装置正常时不亮，装置动作一次后绿灯闪亮。

充电：装置充电时绿灯闪亮。

TXD：装置发送信息数据时点亮。

RXD：装置接收信息数据时点亮。

（2）装置菜单说明及运行人员有关的操作说明。

复归：信号复归键，用于复归带保护功能的事件画面、信号灯和信号继电器，作用同外部复归按钮。

取消：退出键，用于返回上一级菜单。

确定：确认键，操作此键可进入下一级菜单或查阅菜单项目的详细内容；该键的另一作用是使被修改的定值存入掉电不丢失的存储器，即修改定值后不进行确认则修改无效。

＋、－：用于修改参数和定值，其中定值包括数字定值和投退定值。

↑、↓：用于选择同一级别的不同菜单项目。

→、←：光标移动键，用于横向移动光标。

装置的菜单采用树状结构，操作时按"确定"键进入下级菜单，按"取消"键返回上级菜单，按"↑"、"↓"键在同一层次的菜单项之间移动光标。

2.2.3 任务实施

在现场或仿真变电站按照规定的巡视路线巡视到 CAS-225E 型备自投装置时，操作装置菜单，进行测量查看、定值查看、定值整定、事件记录查看四个方面的检查并与正常状态下的参数比较，看是否有缺陷并记录到巡视卡上。

2.2.4 拓展提高

（1）正常运行时，备自投装置必须投入运行，应检查其备投功能已开放，且与一次运行方式相符。

（2）当备自投装置动作不正确时，严禁值班员手动操作应动作的断路器，应立即汇报调度，申请退出装置检修。

（3）微机备自投装置动作一次后必须手动复归方可再次投入。

任务三　变电站站用电、直流系统巡视

变电站站用电系统主要由站用变压器、400V 交流进线电源屏、馈线及交流用电元件等组成。其主要作用是提供主变冷却风扇、直流充电电源等。

变电站站用直流系统主要由蓄电池组、充电模块、绝缘监察装置、直流母线、直流用电元件负荷等组成，其主要作用是提供继电保护和二次设备的操作、控制、装置电源等。

变电站站用电、直流系统对变电站安全运行起着至关重要的作用，运行值班人员必须严格按照规程要求，认真负责地对变电站站用电、直流系统进行巡视检查，发现缺陷及时汇报调度和上级，杜绝事故发生。

任务 3.1 站用电系统巡视

3.1.1 任务分析

（1）熟悉变电站站用电系统设备的投运情况（看懂站用电系统图）。

（2）熟悉站用电系统设备编号及设备位置分布。

（3）熟悉站用电系统设备巡视项目及巡视标准。

（4）将异常现象与巡视标准进行比较，确定缺陷处理办法。

3.1.2 相关知识

（1）熟悉站用电系统图。

（2）熟悉站用电系统设备的工作原理、结构及铭牌参数。

（3）了解安全注意事项、危险点及其控制措施。

3.1.3 任务实施

在现场或仿真变电站按照规定的巡视路线巡视到站用电系统设备时，对照巡视卡找出相关的巡视点，根据每个巡视点的现象判断运行中的站用电系统设备有何缺陷，记录到巡视卡上。

站用电系统正常巡视项目如下。

（1）检查站用变压器运行声音是否正常。

（2）检查站用变压器瓷套管是否清洁，有无裂纹、破损，有无放电痕迹。

（3）检查站用变压器油位是否正常，有无渗漏油现象。

（4）站用电屏上运行指示灯与实际运行方式是否一致，电流、电压表计指示是否正常。

（5）配电盘上表计指示是否正常，各馈线负荷开关投入是否正常。

（6）配电盘上断路器、隔离开关及辅助设备有无异常现象。

3.1.4 拓展提高

（1）自动空气开关、交流接触器和继电器等两年进行一次大修。

（2）交流回路中的各级熔断器容量的配合每年进行核对，并对其熔丝（熔片）逐一进行检查，不良者予以更换。

（3）站用电回路的绝缘每年进行一次测量，不良者予以更换。

（4）事故照明自动切换动作情况，每月检查一次，并做好记录；断开正常工作照明的情况下，检查事故照明的完整性，每半年一次。

（5）室内外设备场所检查维修每季度至少一次，并经常保持足够的照明亮度。

任务 3.2 直流系统巡视

3.2.1 任务分析

（1）熟悉变电站直流系统运行方式。

（2）熟悉直流系统设备编号及设备位置分布。

（3）熟悉直流系统设备巡视项目及巡视标准。

（4）将异常现象与巡视标准进行比较，确定缺陷处理办法。

3.2.2　相关知识

（1）熟悉直流系统图及运行方式。

（2）熟悉直流系统设备的工作原理、结构及铭牌参数。

（3）了解安全注意事项、危险点及其控制措施。

3.2.3　任务实施

在现场或仿真变电站按照规定的巡视路线巡视到直流系统设备时，对照巡视卡找出相关的巡视点，根据每个巡视点的现象判断运行中的直流系统有何缺陷，记录到巡视卡上。

（1）蓄电池组的正常巡视项目。

1）检查电池连接部分有无松动、发热现象。

2）检查电池表面有无污垢，电解液有无外流，支架是否清洁、干燥。

3）电池缸是否倾斜，表面是否清洁、有无裂纹，导线连接处有无锈蚀，凡士林涂层是否完好。

4）室内清洁，有无强酸气味，照明、通风是否良好。

5）铅酸蓄电池单瓶电压、温度、密度正常。

6）加热装置能正常投入，室温控制在 10～30℃ 范围内。

7）铅酸蓄电池极板颜色正常，外形无弯曲、开裂、脱粉、膨胀生盐现象，内部无短路。

8）电解液高于极板 1～2cm，并在两标线之间。

（2）直流屏的巡视项目。

1）检查蓄电池浮充电是否正常，充电电流是否正常。

2）检查控制母线、合闸母线电压表指示是否在正常范围内变化（控制母线电压变化范围不超过±5％、合闸母线电压变化范围不超过±10％）。

3）检查整流输出电压、电流是否均在正常范围。

4）检查直流屏上有无异常光字及告警信号。

5）检查直流屏各电源指示灯、运行指示灯是否正常。

6）检查所有应投运的控制电源、合闸电源、信号电源等是否正确投入，指示灯燃亮是否正常。

7）检查直流母线对地绝缘是否良好。

8）事故照明断路器是否正常投入。

9）闪光装置工作是否正常。

10）直流屏柜内各元件有无异声、味。

11）带有电压调节的还应检查端电压调整器触头接触是否良好。

3.2.4　拓展提高

（1）蓄电池运行维护注意事项。

1）每月对全部单个蓄电池进行端电压检查，在蓄电池记录簿按要求做好记录。

2）每月定期对蓄电池进行清抹，并在连接片及桩头上涂一层均匀的凡士林。

3）检查蓄电池室温度是否在允许范围内，照明设施是否完好。

4）检查极柱、安全阀周围是否有渗液和酸雾逸出，电池壳盖有无变形和渗液。

5）每半年检查一次连接部位是否松动。

6）单个蓄电池绝缘检查每月一次。

（2）充电装置运行维护注意事项。

1）检查充电装置电压应在合格范围内。

2）检查充电装置应无异常信号。

3）检查充电装置各断路器位置应正确，指示灯正常。

4）每月对充电装置进行轮换检查。

（3）绝缘监测装置运行维护。

（4）UPS装置运行维护。

项目二　变电站电气设备维护

变电站电气设备定期维护是掌握设备运行情况、变化情况，及时发现设备异常情况，确保设备安全稳定运行的重要措施，运行值班人员必须对照设备维护周期表认真执行，维护中不得兼做其他工作，雷雨等恶劣天气时应停止与室外设备有关的维护工作。

运行班组应根据本班组人员组织和设备情况，结合本地区气象、环境条件，制定本班组设备定期运行维护周期表，落实各项运行维护工作。对运行设备应做到正常运行时按时维护，天气变化后及时维护，重点设备重点维护，以利于电气设备安全稳定运行。

任务一　变电站一次设备维护

变电站一次设备维护要求及周期一般要求（含轮换试验）如下。

（1）应结合变电站一次设备情况及无人值班变电站"设备定期巡视周期表"，制定"设备定期维护周期表"，按时进行变电站一次设备维护工作，每月至少进行一次。

（2）全站安全工器具检查、整理、清扫工作每月进行一次，要求工器具清洁、合格、摆放整齐。

（3）全站保护定值、连接片核对，保护对时、间隔维护工作每月进行一次，要求一次设备及保护屏检查清扫干净，保护定值、连接片投退正确。

（4）全站门窗、孔洞、消防器材、防小动物设施、防火设施检查清扫工作每月进行一次，要求门窗孔洞封堵严密，玻璃完好，设备保管妥善、合格。

（5）站用电源每月必须轮换一次，并运行 1h 以上。

（6）全站接地螺丝、防误闭锁装置锁头注油工作每半年进行一次，要求维护到位。

（7）蓄电池维护检查、测量电压及记录工作每月进行一次，要求记录正确，维护到位。

（8）全站室内、外照明，检修照明，事故照明检查工作每月进行一次，要求开关电源合格，事故照明切换正常。

（9）每年入冬前、雨季前对取暖、驱潮电源进行一次检查，要求设施完好。

（10）每年进行一次火灾报警系统试验检查，要求设施完好。

任务 1.1　变压器维护

1.1.1　任务分析

变压器维护应经常监视变压器本体外观及其仪表指示变化，及时掌握变压器运行情况。监视仪表的抄录次数按现场运行规程规定进行。当变压器超过额定电流、温度运行时，应做好记录。应定期检查变压器本体、冷却系统及其端子箱、冷控箱等。维护周期由现场运行规程规定。

1.1.2　相关知识

变压器主要由铁芯、绕组、油箱、油枕、呼吸器、压力释放装置、散热器以及绝缘套管、分接开关和气体继电器组成。

（1）变压器维护主要内容：变压器冷却装置电源启动试验，冷却器组轮换、检测，变压器端子箱、风冷控制箱清灰，更换已变色硅胶，变压器油位检查，卵石清理等。对于自然循环冷却的变压器无冷却系统，这里只介绍冷却方式为风冷、强迫油循环风冷或强迫油循环导向风冷变压器的维护。变压器冷却系统维护包括变压器冷却装置电源启动试验，冷却器组轮换、检测等。

（2）作业现场要求：现场无安装、改造、检修、预试等工作内容，系统及站内为正常运行方式，非雨雾大风扬沙天气。

（3）作业人员要求：维护工作至少由两作业人员进行，其中一人监护。作业人员掌握《电力安全工作规程》和工作现场的有关安全规定；应按规定穿工作服、绝缘鞋，戴安全帽、线手套，工作衣袖应扣住，工作前必须摘下手表或金属饰物。

（4）工器具要求：毛刷的金属裸露部分应使用绝缘带包扎严实；应使用干燥的棉纱布，禁用湿布。

1.1.3　任务实施

（1）每月检查中性点接地开关是否良好，中性点连线是否紧密。

（2）每月检查气体继电器、压力释放装置、油枕等辅助元件是否完好。

（3）每月检查呼吸器硅胶是否变色、油杯内油位是否正常，并督促有关部门更换变色的硅胶。

（4）每月清扫变压器各机构箱。

（5）按规定检查油池畅通情况，做好记录。

（6）按季节投入变压器机构箱、端子箱驱潮装置或加热电源，并检查这些设备是否良好。

（7）每年对分接开关电动机构进行一次全面的维护检查。

（8）对于冷却方式为风冷、强迫油循环风冷或强迫油循环导向风冷的变压器应每月检查冷却系统，进行变压器冷却装置电源启动试验，冷却器轮换、检测，并做好记录。

1.1.4　拓展提高

（1）冷却系统维护。检查冷却器电源或定期倒换冷却器自动切换电源时应作好防止造成冷却器误停电的措施，一旦因某些原因造成电源失压时，应及时、准确地将已停电冷却器的电源以手动合闸送电。

（2）变压器端子箱、冷控箱清扫时，为防止人员误碰设备引起低压触电或事故，应由两人进行，并严格按照《电力安全工作规程》要求做好防护措施，一人工作，一人认真监护；维护中使用合格的清扫工具。

（3）在完成变压器维护工作后，应在当天将维护记录录入 SG186 生产管理系统，如果间隔时间在 2 天以上，SG186 系统自动将此维护记录定义为不及时的运行维护记事。

任务1.2　断路器维护

1.2.1　任务分析

断路器除按有关专业规程的规定进行试验、检修和巡视外，还应进行必要的维护工作。运行班组应根据各省公司《变电运行管理制度》结合现场实际制定"设备维护和试验轮换周期表"，并按照制定的"标准化维护卡"，按时、按质进行断路器的维护工作。运行人员在维护过程中发现缺陷时应及时汇报，并做好记录。

1.2.2　相关知识

断路器根据其灭弧原理可分为自动产气、磁吹、多油、少油、压缩空气、真空和六氟化硫断路器等，其操动机构有手动、电磁、弹簧、气动和液压等多种形式。目前变电站使用较多的是真空和六氟化硫断路器。

目前，断路器维护的主要内容包括断路器红外测温及机构箱等清扫。

（1）断路器红外测温。在设备负荷高峰或高温天气时，一般结合正常巡视进行断路器的红外测温工作。所需的工具器材包括安全帽、望远镜、红外测温仪、纸质测温记录等。

（2）机构箱等清扫。机构箱等清扫内容包括端子箱、机构箱、动力箱检测清灰，机构箱内油迹擦拭，驱潮装置维护，漏电保安器试验；应由两人进行，一人清扫，一人监护。此工作为设备不停电工作，在工作中需加强监护，防止误碰设备造成跳闸或低压触电的危险，所需工具包括安全帽、绝缘毛刷、登高工具、绝缘靴等。

1.2.3　任务实施

（1）检查各控制柜、机构箱有无干燥、有无孔洞，各电源是否完好。

（2）检查空气压缩机压力值及气动机构排水是否正常。

（3）检查储能指示位置是否正常，储能指示灯是否亮。

（4）检查 SF_6 断路器、隔离开关、母线各气室压力值是否正常，压力表是否无异常、计数器指示是否正确。

（5）检查开关柜连接片位置符合运行要求。

（6）检查屏内各电源快分开关位置是否符合运行要求。

（7）将各备用小车及操作用具按定位摆放整齐，清扫各断路器间隔控制柜、机构箱。

（8）红外测温检测出的发热设备和部位，及时报告调度和上级单位，并做好测温记录。

另外，还应注意：

（1）冬季应检查加热装置是否正常。

（2）根据运行方式的变化，对长期重负荷运行、负荷有明显增加、存在异常的高压断路器设备应进行重点测温。

（3）合闸后检查电源快分开关是否正常。

（4）每月定期对开关机构箱进行清扫。清扫过程中维修人员应精力集中，严防用力过猛或振动使接线松动；清扫前监护人和清扫人应共同检查所要清扫设备确已做好安全措施；认清设备名称编号，严防走错位置。

1.2.4　拓展提高

（1）红外测温时，应做好相关危险点分析和预控措施的交底，严防维护人员误入带电间隔、触碰或攀爬操动机构、触碰带电部分造成触电事故或设备跳闸。

（2）测温时打开运行中的断路器柜柜门，维护人员的身体部位不能伸入柜门内，严防触电。

（3）认真、全面进行设备红外测温，严防漏测，完成测温后认真填写测温记录，并在24h 内录入 SG186 生产管理系统。

（4）清扫机构箱时应将机构箱各个部分清扫干净，若发现机构箱存在隐患和缺陷，应及时向监护人报告，再由监护人向上级部门汇报，并将缺陷及时录入 SG186 生产管理系统。

（5）所有断路器维护工作在无异常情况下，应根据维护周期表认真、按时进行，在完成后，应在 24h 内将维护记录录入 SG186 生产管理系统，确保维护记事的及时性。

任务 1.3　隔离开关维护

1.3.1　任务分析

隔离开关与断路器一样，除按有关专业规程的规定进行试验、检修和巡视外，还应进行必要的维护工作。运行班组应根据各省公司"变电运行管理制度"结合现场实际制定"设备维护和试验轮换周期表"，并按照制定的"标准化维护卡"，按时、按质进行隔离开关的维护工作。运行人员在维护过程中发现缺陷应及时汇报，并做好记录。

1.3.2　相关知识

隔离开关维护前应学习的内容包括：

（1）就地控制箱、把手、主要继电器的位置及作用。

（2）辅助设备及其作用。

（3）隔离开关的闭锁（机械、电气、电磁闭锁）。

（4）隔离开关的异常运行检查及处理。

隔离开关应具备的闭锁功能：

（1）隔离开关与断路器之间闭锁。

（2）隔离开关与接地开关之间闭锁。

（3）母线侧隔离开关与母联隔离开关之间闭锁。

闭锁方式有：

（1）机械闭锁，是靠机械结构达到预定目的的一种闭锁。机械闭锁智能与本身隔离开关相关的接地开关进行闭锁，无法实现和断路器、其他隔离开关或接地开关进行闭锁。

（2）电气闭锁，是利用断路器、隔离开关辅助触点接通或断开电器操作电源而达到闭锁目的的一种装置，普遍用于电动隔离开关和电动接地开关。

（3）电磁锁和微机防误闭锁。电磁锁是利用断路器、隔离开关、设备网门等的辅助触点，接通或断开断路器、网门电磁锁电源，从而达到闭锁目的的装置。微机防误闭锁是专门为电力系统防止电气误操作事故而设计研制的，由后台机、全自动充电/通信装置、电脑钥匙、各类锁具及套件、五防系统软件系统等组成。

1.3.3　任务实施

隔离开关维护内容包括隔离开关端子箱、机构箱检测清灰，机构箱内油迹擦拭，驱潮装置维护，漏电保安器试验，端子箱内的加热器回路检查并按要求投退，站内防误闭锁装置检查维护。

（1）检查各控制柜、机构箱应干燥、无孔洞、各电源完好，并进行清扫。

（2）检查隔离开关各气室压力值应正常，压力表无异常，计数器指示正确。

（3）红外测温检测出的发热设备和部位，及时报告调度和上级单位，并做好测温记录。

（4）清除隔离开关的鸟窝。

（5）用万用表对动力电源断路器进行检查。

（6）检查电磁锁是否完好。

（7）检查隔离开关及其遮栏门上锁具是否齐备，检查站内各钥匙是否齐备并整理钥匙箱。

另外，还应注意：

（1）每月检查箱门锁坏或关闭密封不严，应立即处理。

（2）每月进行一次防误装置检查，检查电磁锁是否完好，检查隔离开关及遮栏门上锁具是否齐备，检查站内各钥匙是否齐备并整理钥匙箱。

（3）每三个月对防误装置闭锁逻辑进行一次检查核对，确保闭锁逻辑正确无误。

（4）每半年对防误闭锁装置进行一次全面检查，及时要求厂家对五防系统进行升级。

（5）根据运行方式的变化，对长期重负荷运行的隔离开关、负荷有明显增加隔离开关、存在异常的隔离开关应进行重点测温。

1.3.4　拓展提高

（1）红外测温时，应做好相关危险点分析和预控措施的交底，严防维护人员误入带电间隔、触碰或攀爬操动机构、触碰带电部分造成触电事故或设备跳闸。

（2）测温时打开运行中的断路器柜柜门，维护人员的身体部位不能伸入柜门内，严防触电。

（3）认真、全面进行设备红外测温，严防漏测，完成测温后认真填写测温记录，并在24h内将测温记录录入SG186生产管理系统。

（4）清扫机构时应将端子箱各个部分清扫干净，若发现机构箱存在隐患和缺陷，应及时向监护人报告，再由监护人向上级部门汇报，并将缺陷及时录入SG186生产管理系统。

（5）所有隔离开关维护工作在无异常情况下，应根据维护周期表认真、按时执行，在完成后，应在24h内将测温记录录入SG186生产管理系统，确保维护记事的及时性。

（6）微机防误闭锁关系核对检查应从五防软件中将闭锁逻辑导出，核对完成后与维护卡一并保存。

（7）检查各间隔防误闭锁关系（逻辑规则）：断路器和隔离开关的配合，接地开关和隔离开关的配合，旁路隔离开关和线路侧隔离开关的配合。方法：在防误主机进入开票程序，假想几种误操作能否开票进行模拟，特别注意检查变压器带接地线送电的逻辑是否考虑高、中、低压三侧。

任务1.4　母线维护

1.4.1　任务分析

母线是变电站的神经枢纽，是电气元件的集合点。母线故障失压将直接影响到电网安全稳定运行。因此，在日常工作中必须加强母线设备的巡视维护，保证母线安全稳定运行。母线设备主要有母线、母线附属设备（母线TV端子箱、避雷器、母线TV等，GIS设备还包括SF_6压力表等）。

1.4.2　相关知识

（1）目前母线接线主要有以下几种方式。

1）单母线，又分单母线、单母线分段、单母线加旁路和单母线分段加旁路。

2）双母线，又分双母线、双母线分段、双母线加旁路和双母线分段加旁路。

3）三母线，又分三母线、三母线分段、三母线分段加旁路。

4）3/2 接线、3/2 接线母线分段。

5）4/3 接线。

6）母线—变压器单元接线。

7）桥型接线，又分内桥型接线、外桥型接线、复式桥型接线等。

（2）目前母线维护的主要内容包括母线红外测温及端子箱、汇控柜清扫。

1）母线红外测温。在设备负荷高峰或高温天气时，一般结合正常巡视进行母线红外测温工作，所需的工具器材包括安全帽、望远镜、红外测温仪、纸质测温记录等。

2）端子箱、汇控柜清扫。端子箱、汇控柜清扫内容包括端子箱、汇控柜检测清灰，机构箱内油迹擦拭，驱潮装置维护，漏电保安器试验。端子箱、汇控柜清扫应由两人进行，一人清扫，一人监护。此工作为母线不停电工作，在工作中需加强监护，防止误碰设备造成跳闸或低压触电的危险，所需工具包括安全帽、绝缘毛刷、登高工具、绝缘靴等。

1.4.3　任务实施

（1）母线和导线的负荷电流不能超过额定值。

（2）应尽量避免或缩短单母线运行方式。

（3）确保母线相关设备无变形、无锈蚀，连接无松动；传动元件的轴、销齐全无脱落、无卡涩；箱门关闭严密；无异常声音、气味等。

（4）检查 SF_6 气室压力是否在正常范围内。

（5）检查汇控柜指示是否正常，有无异常信号发出；操动切换把手与实际运行位置是否相符，控制、电源断路器位置是否正常，连锁位置指示是否正常，柜内运行设备是否正常，封堵是否严密；良好。加热器及驱潮电阻是否正常。

（6）检查屏内各电源快分开关位置是否符合运行要求。

（7）清扫母线 TV 端子箱。

（8）红外测温检查出的发热设备和部位，应及时报告调度和上级单位，并做好测温记录。

另外，还应注意：

（1）冬季应检查加热装置是否正常。

（2）一般情况下应结合正常巡视进行设备测温。

（3）根据运行方式的变化，即对长期重负荷运行、负荷有明显增加、存在温度异常的母线应进行重点测温。

（4）操作后检查母线隔离开关位置确认是否与实际一致。

（5）每月定期对母线 TV 端子箱、汇控柜进行清扫。清扫过程中维护人员应精力集中，严防用力过猛或振动使接线松动；清扫前监护人和清扫人应共同检查所要清扫的设备确已做好安全措施；认清设备名称编号，严防走错位置。

（6）大风天气，需检查导线摆动情况及有无搭挂杂物。

1.4.4　拓展提高

（1）母线分为硬母线和软母线。硬母线按形状不同分为矩形母线、槽形母线、菱形母线、管形母线等，使用在大电流的母线桥及对热、动稳定要求较高的配电场合。软母线多用于室外，室外空间大，导线间距宽，而且散热效果好，施工方便，造价较低。

（2）认真、全面进行设备红外测温，严防漏测，完成测温后认真填写测温记录，并在

24h 内录入 SG186 生产管理系统。

（3）清扫端子箱、汇控柜时应将各个部分清扫干净，若发现箱内存在隐患和缺陷，应及时向监护人报告，再由监护人向上级部门汇报，并将缺陷及时录入 SG186 生产管理系统。

（4）所有母线维护工作在无异常情况下，应根据维护周期表认真、按时执行，在完成后，应在 24h 内将维护记录录入 SG186 生产管理系统，确保维护记事及时性。

任务 1.5　电容器维护

1.5.1　任务分析

运行班组应根据省公司《变电运行管理制度》结合现场实际制定"设备维护和试验轮换周期表"，并按照制定的"标准化维护卡"按时、按质进行电容器的维护工作。维护人员在维护过程中发现缺陷时应及时汇报，并做好记录。

1.5.2　相关知识

设置在变电站中的并联电容器补偿装置一般都分组安装，主要用于提高电压和补偿变压器无功损耗。

（1）并联电容器的接线一般可以分为三角形（△）和星形（Y）（包括双 Y 或双△）。三角形接线不受三相电容器容抗不平衡的影响，可补偿不平衡负荷，可形成 $3n$ 次谐波通道，便于消除 $3n$ 次谐波，一般用于 6kV 及以下的小容量并联电容器组。星形接线的设备故障时短路电流较小，继电保护构成方便，广泛用于 6kV 及以上并联电容器组。

（2）并联电容器中串联小电抗器的作用是降低电容器组的涌流倍数和频率；滤掉高次谐波，提高供电质量；电容器短路时，可限制短路电流；降低操作过电压。

（3）电容器放电装置的作用是短时间将停用的并联电容器上的电荷放掉，防止再次合闸时产生大电流冲击和过电压。对单只电容器采用并联电阻（或放电线圈）进行自放电，对密集型电容器采用并联在电容器两端的放电线圈，放电线圈一般设有二次绕组，供测量和保护用。

1.5.3　任务实施

（1）电容器维护一般包括电容器外观、绝缘子、台架及二次电源快分开关的检查。

（2）电容器正常运行时，每季定期测量电容器组设备的接触点和连接点温度一次，7、8、9 月每月均须测温一次，以便于及时发现设备存在的隐患，保证电容器安全、可靠运行。

另外，还应注意：

（1）每月对电容器进行检查，检查外观、绝缘子是否清洁无明显污秽。

（2）每月对电容器二次电源快分开关进行一次检查，确保投退正确。

（3）电容器维护可结合电容器巡视进行，在各类巡视过程中检查电容器运行情况。

（4）维护应根据 SG186 生产管理系统设备维护周期表进行，完成后应及时将维护记录录入 SG186 生产管理系统。

1.5.4　拓展提高

（1）电容器的长期运行电压不超过电容器额定电压的 1.1 倍（110%），电流不超过额定电流的 1.3 倍（130%）。

（2）正常情况下，电容器的投入和停用应根据无功分布以及电压曲线和调度命令执行（装有自动装置的除外）。

（3）每组电容器都装有放电指示灯，并且运行正常，电容器运行时指示灯应亮。

（4）电容器外壳接地要良好，每月要检查放电回路及放电电阻是否完好。

任务 1.6　防雷设备维护

1.6.1　任务分析

运行班组应根据各省公司《变电运行管理制度》结合现场实际制定"设备维护和试验轮换周期表"，并按照制定的"标准化维护卡"按时、按质进行防雷设备的维护工作。运行人员在维护过程中发现缺陷时应及时汇报，并做好记录。

1.6.2　相关知识

为防止直击雷对变电站设备的损害，变电站装有避雷针、避雷线。为防止进行波的损害，按照相应电压等级装设阀型避雷器、磁吹避雷器、氧化锌避雷器和与之相配合的进线保护段，即架空地线、管型避雷器或火花间隙；在中性点不直接接地系统装设消弧线圈，可以减少线路雷击跳闸次数。

（1）防雷设备的主要功能是引雷、泄流、限幅、均压。

（2）避雷针防雷原理：在雷云离地面达到一定高度时，地面上的避雷针因静电感应聚集了雷云先导性的大量电荷，使雷电场畸变，因而将雷云放电的通路由原来可能向其他物体发展的方向，吸引到避雷针本身，通过引下线和接地装置将雷电波放入大地，从而使被保护物体免受直接雷击。

（3）避雷针由避雷针针头、引流体和接地体三部分组成，一般明显高于被保护物。

（4）避雷器和避雷针用装设磁钢棒和放电计数器两种方法记录放电，放电计数器的基本原理是当雷电流通过避雷器入地时，对计数器内部电容器进行充电；当雷电消失后，电容器对计数器的线圈放电，计数放电次数。磁钢棒记录放电的基本原理是当雷电流通过避雷针入地时，磁钢棒被雷电流感应而磁化，记录雷电流数据。

1.6.3　任务实施

（1）雷雨天气巡视设备，不得靠近避雷针和避雷器。

（2）系统出现过电压或雷雨后，应对避雷器进行检查，检查计数器是否动作，并做好记录。

（3）应特别注意检查避雷针和避雷线的外表和机械情况，以免因金属疲劳而折断坠落。

（4）每月应抄录避雷器放电计数器的动作次数及泄漏电流，并按照定期维护周期表的有关内容进行维护。

另外，还应注意：

（1）运行中应每年定期检查一次接地引下线的完整性和锈蚀情况，必要时检查地面以下30cm一般接地引下线的腐蚀情况，并进行防腐处理。

（2）主接地网每6年进行一次测试，改动后必须立即测试。

（3）雷雨天气后应及时进行站内避雷器动作情况抄录，同时检查记录避雷器动作电流、动作次数，做好记录并进行对比分析动作情况。

（4）维护应根据 SG186 生产管理系统设备维护周期表进行，完成后应及时将维护记录录入 SG186 生产管理系统。

1.6.4　拓展提高

（1）发现避雷器瓷套有明显裂纹，可能有进水受潮时，应立即向相应的当值调度员汇报申请退出故障避雷器，并向队长及主管部门汇报。

（2）发现避雷器法兰等处有轻微裂纹，且无明显受潮现象时，应汇报上级领导及主管部门。

（3）避雷器爆炸，尚未造成接地短路时，应立即向调度申请停电，更换或退出故障避雷器。

任务 1.7 互感器维护

1.7.1 任务分析

电流互感器、电压互感器应按要求进行必要的维护工作。运行班组应根据各省公司《变电运行管理制度》结合现场实际制定"设备维护和试验轮换周期表"，并按照制定的"标准化维护卡"按时、按质进行互感器的维护工作。运行人员在维护过程中发现缺陷时应及时汇报，并做好记录。

1.7.2 相关知识

（1）电流互感器：将大电流按规定比例转换为小电流的电气设备，称为电流互感器，设备文字符号为 TA 表示。其作用是把大电流按一定比例转换为小电流，提供给各种仪表、继电保护及自动装置使用，并将二次系统与高电压隔离。

1）TA 的使用一般有五种接线方式，即使用两个 TA 时有 V 形接线和 X 形接线，使用三个 TA 时有星形接线、三角形接线、零序接线。

2）TA 二次侧不允许开路，当 TA 开路时，二次阻抗 Z 无限增大，二次绕组的电流为零，二次绕组将产生很高的电动势，峰值可达几千伏，威胁人身安全或造成仪表、保护装置、互感器二次绝缘损坏。

（2）电压互感器：将高电压按比例转换成较低电压后，再连接到仪表或继电器中，这种转换设备叫电压互感器，设备文字符号为 TV。

1）TV 一次绕组的额定电压与所接系统的母线额定电压相同，二次侧有两个或三个绕组，供保护、测量及自动装置用。如用在中性点直接接地系统，辅助二次绕组的额定电压为100V；如用在中性点不接地系统中，则为 100/3V。因此选择绕组匝数的目的就是在系统发生单相接地时，使开口三角绕组出现 100V 电压。

2）双母线接线方式下，每组母线接一台 TV，若由于需要，两台 TV 在低压侧并列运行（倒母线），此时应确保母线断路器在合闸位置，并保证其不会动作，否则，由于 TV 从低压侧反充电，容易引起 TV 二次低压熔断器熔断或快分跳闸，使保护装置失去电源。

3）TV 有普通油浸式、浇注绝缘式、串级式、电容式四种类型。

1.7.3 任务实施

（1）每月对互感器端子箱进行清扫，检查端子箱内端子连接是否正确、牢固，端子箱内有无异常现象。

（2）互感器维护可结合互感器巡视进行，在各类巡视过程中检查互感器运行情况。

（3）维护应根据 SG186 生产管理系统设备维护周期表执行，完成后应及时将维护记录录入 SG186 生产管理系统。

1.7.4 拓展提高

（1）互感器的外壳及二次回路必须有牢固的接地，电压互感器二次侧中性点必须用电缆引至控制室可靠接地。

（2）电压互感器的二次侧不许短路，电流互感器二次侧不允许开路。

（3）互感器在连接时，应注意一、二次绕组接线端子的极性。

（4）电压互感器回路上的熔断器或二次快分开关的动作电流必须逐级配合。

（5）电流互感器二次只允许一点接地。

（6）电流互感器正常运行时一次电流不得超过其额定值。

（7）在运行中的 TA 二次回路上清扫时应注意：

1）工作中绝对不允许将 TA 二次开路。

2）根据需要可在适当地点将 TA 二次侧短路。短路应采取短路片或专用短路线，禁止采用熔丝或用导线缠绕。

3）禁止在 TA 与短路点间的回路上进行任何工作。

4）清扫二次线时，应穿长袖工作服，带线手套，使用干燥的清洁工具，并将手表等金属物品摘下，避免造成元件损坏、二次回路断线或产生寄生回路的。

任务二　变电站二次设备维护

变电站二次设备运行维护要求：

（1）一次设备至少应保证有一套完整的保护装置投入运行，双重化配置的保护装置如需全部退出，应向值班调度员申请将被保护的一次设备退出运行。

（2）一次设备处于运行状态、热备用状态时，保护装置出口连接片、功能连接片均应按要求投入。

（3）当一次设备（母线除外）处于冷备用状态时，保护装置合闸连接片，失灵回路有关连接片、远切、远跳、联切、联跳连接片应全部退出，跳闸连接片和功能连接片可投入。

（4）运行人员每月应使用设备定期维护标准化维护卡对继电保护装置进行维护工作，内容包括保护定值与连接片位置核对，打印微机保护定值清单并核对后存档，检查保护连接片与方式开关切换是否正确。

（5）本站 220、110kV 各线路保护及变压器保护，当电压切换箱中两个交流电压切换中间继电器同时动作发信号时，在发信号期间运行人员不允许拉开母联断路器，以防止电压互感器反充电。

任务 2.1　继电保护及安全自动装置维护

2.1.1　任务分析

运行班组应根据各省公司《变电运行管理制度》结合现场实际制定"设备维护和试验轮换周期表"，并按照制定的"标准化维护卡"按时、按质进行继电保护及自动装置的维护工作。运行人员在继电保护及自动装置维护过程中发现缺陷时应及时汇报，并做好记录。

2.1.2　相关知识

（1）继电保护及自动装置缺陷分类。按照严重程度和对安全运行造成的威胁大小，继电保护及自动装置的缺陷分为危急、严重、一般缺陷三类。

1）危急缺陷，是指性质严重，情况危急，直接威胁安全运行的隐患，应当立即采取应急措施，并尽快予以消除。

一次设备失去主保护时，一般应停运相应设备；保护存在误动风险，一般应退出该保护；保护存在拒动风险时，应保证有其他可靠保护作为运行设备的保护。以下缺陷属于继电保护和安全自动装置的危急缺陷。

a）电流互感器回路开路；

b）二次回路或二次设备着火；

c）保护、控制回路直流消失；

d）保护装置故障或保护异常退出；

e）保护装置电源灯灭或电源消失；

f）收发信机运行灯灭、装置故障、裕度告警；

g）控制回路断线；

h）电压切换不正常；

i）电流互感器回路断线告警、差流越限，线路保护电压互感器回路断线告警；

j）保护开入异常变位，可能造成保护的不正确动作；

k）直流接地等。

2）严重缺陷，是指设备缺陷情况严重，有恶化发展趋势，影响保护正确动作，对电网和设备安全构成威胁，可能造成事故的缺陷。

具有严重缺陷的继电保护和安全自动装置可在保护专业人员到达现场进行处理时再申请退出；缺陷未处理期间，运行人员应加强监视，保护有误动风险时应及时处理。以下缺陷属于严重缺陷。

a）保护通道异常；

b）保护装置只发告警或异常信号，未闭锁保护；

c）录波器装置故障、频繁启动或电源消失；

d）保护装置液晶显示屏异常；

e）操作箱指示灯不亮，但未发控制回路断线信号；

f）保护装置动作后报告打印不完整或无事故报告；

g）就地信号正常，后台或中央信号不正常；

h）切换灯不亮，但未发生电压互感器断线告警；

i）母线保护隔离开关辅助触点开入异常，但不影响母线保护正确动作；

j）无人值班变电站保护信息通信中断；

k）频繁出现又能自动复归的缺陷等。

3）一般缺陷，是指上述危急、严重缺陷以外的，性质一般，情况较轻，保护能继续运行，对安全运行影响不大的缺陷。以下缺陷属于继电保护和安全自动装置的一般缺陷。

a）打印机故障或打印格式不对；

b）电气继电器外壳变形、损坏，不影响内部；

c）GPS对时装置失灵或时间不对，保护装置时钟无法调整；

d）保护屏上按钮接触不良；

e）能自动复归的偶然缺陷；

f）其他对安全运行影响不大的缺陷等。

（2）继电保护装置运行及维护规定。

1）差动保护和带方向的保护在新安装及一次设备、二次回路异动后投入运行注意事项：

a）当被保护设备投入时，保护应投入；

b）设备带负荷前，应退出差动保护和带方向的保护连接片，进行方向或不平衡电压、电流测量；

c）测量无问题后，立即投入该保护连接片。

2）在一次系统操作中，为防止保护误动，需改变其保护运行方式时，应将保护退出运行后，方可操作；操作完毕后，应根据操作后的运行方式投入该保护。

3）为防止寄生回路引起保护装置误动，在装直流控制熔断器或快分开关时，应按先负极、后正极的顺序操作；取直流控制熔断器时，顺序相反。

4）一次设备或保护装置检修试验前（即将开工前），应考虑退出以下相应连接片。

a）主变保护联跳、母联及旁路跳闸连接片；

b）低频、低电压装置跳该设备的跳闸连接片；

c）母差保护跳该设备的跳闸连接片；

d）其他停用保护联跳运行中设备连接片；

e）该检修试验设备的跳闸连接片。

5）当 TV 回路发生断线（交流电压回路失压）无法尽快恢复时，必须将该电压回路上的下列保护装置退出，并汇报调度。

a）距离保护；

b）低频、低电压减载装置；

c）低电压保护；

d）其他可能误动的保护装置。

6）TV 回路切换时及二次快分开关跳闸、二次熔断器熔断时，必须退出该电压回路上的下列保护。

a）距离保护；

b）低频、低电压减载装置；

c）其他可能误动的保护装置。

7）保护动作使断路器跳闸后，运行人员应准确记录断路器跳闸的时间，详细记录所有需人工复归的保护动作信号、光字牌信号及异常情况，及时打印微机保护报告及故障录波报告。

8）保护误动或动作原因不明造成断路器跳闸，除按事故处理原则做好记录外，运行人员应保护好现场。严禁打开继电器和保护装置盖子或动二次回路，并及时汇报调度和有关领导，听候处理。

9）一次设备的负荷电流不得超过设备所允许的负荷电流，否则应汇报调度员。

10）继电保护装置的检验工作在开工前，值班人员应按《电力安全工作规程》的要求布置好安全措施，对可能引起保护装置误动的一切工作，应由该装置工作人员填用"继电保护安全措施票"并采取防止保护装置误动的有效措施。

11）运行中继电保护装置如需改变原理接线，应有经专业主管部门批准的文件和图纸资料，经运行人员验收合格并签字后方可投入运行。

12）当值班员发现保护有异常且可能引起保护误动时，应及时汇报当值调度员将其停用，并迅速通知检修单位。

2.1.3 任务实施

（1）每次维护应对连接片、掉牌、时钟、采样值等进行检查，屏内堵洞及清扫。

（2）做好"继电保护定值及连接片位置核对"记录，每月核对保护连接片，每年春检核对定值，并与调度核对定值通知单编号。

（3）检查综合自动化后台机画面接线、运行数据、遥信位置等信息应与现场实际相符。

（4）检查综合自动化后台机画面接线、遥信位置等信息应与模拟图板相符。

（5）与调度核对综合自动化后台机画面接线、运行数据、遥信位置等信息的正确性。

（6）检查全站电话及网络是否畅通，并督促有关部门及时维修。

（7）检查故障录波装置是否正常，每月手动启动一次，并与 UPS 准确对时。

（8）定期对微机保护装置进行采样值检查、可查询的开入量状态检查和时钟校验，检查周期一般不超过一个月，并应做好记录。

（9）加强对保护室空调、通风装置等的管理。

（10）维护应根据 SG186 生产管理系统设备维护周期表执行，完成后应及时将维护记录录入 SG186 生产管理系统。

2.1.4 拓展提高

（1）保护室内相对湿度应不超过 75％，环境温度应在 5～30℃ 范围内。

（2）每月应检查打印纸是否充足、打印字迹是否清晰，加装打印纸、更换打印机色带等。

（3）每年按规定打印一次全站微机保护装置定值，与存档的正式定值单核对，并在打印定值单上记录核对日期、核对人，保存定值直到下次核对。

任务 2.2 继电保护定值维护

2.2.1 任务分析

继电保护定值维护主要是做好继电保护定值及连接片位置核对记录，每月核对保护连接片，每年春检核对定值，并与调度核对定值通知单编号。运行班组应根据各省公司《变电运行管理制度》，结合现场实际制定"设备维护和试验轮换周期表"，并按照制定的"标准化维护卡"按时、按质进行继电保护定值的维护工作。运行人员在继电保护定值维护过程中发现缺陷时应及时汇报，并做好记录。

2.2.2 相关知识

定值管理规定：

（1）维操队对保护定值管理由专人负责，变电站现场应具备保护定值台账资料并及时进行更新。

（2）保护定值调整应由检修人员执行，定值区切换和临时定值调整可由运行人员执行。

（3）定值调整应按调度命令执行，运行人员应与值班调度员核对定值通知单编号；由运行人员临时变更定值时，应使用操作票，将保护装置名称（含双重编号）、定值项名称及定值的变动情况做好记录，并在交接班时进行移交。

（4）进行定值核对时，应逐项核对实际定值无误（核对内容为定值通知单全部内容，含软件版本号和 CRC 码），与定值调整人员一起在保护定值通知单及保护装置定值打印清单上签名并注明日期，保护装置定值打印清单应存档备查。

（5）定值调整前，应按调度命令退出被调整保护装置对应的所有出口连接片。

（6）调整完毕后应确认定值调整无误，检查保护装置面板信号正常，采样值（对于差动保护应检查差流是否在允许范围内）正确。

（7）调整完毕后，应按调度命令投入被调整保护装置对应的所有出口连接片。

（8）禁止在变电站后台机及监控中心进行远方定值调整。

2.2.3　任务实施

（1）正确打印各保护装置的保护定值，核对各保护定值正确无误，并签名存档。

（2）运行人员在核对过程中发现异常情况时，应立即汇报站长或当值调度员，严禁擅自更改保护定值。

（3）变更定值应核对调度命令与定值通知书相符，微机保护临时定值调整应由继电保护人员执行。

（4）保护定值应做到三符合，即调度下达的定值、定值记录簿记录的定值及现场实际的定值符合。

（5）运行人员不得进行微机保护定值输入的固化工作，但可临时变换由调试人员按运行要求输入定值拔轮区号，变更后应立即打印定值清单，并在打印出的定值清单上注明断路器编号（保护），调整人、核对人签名，注明调整时间后归档保存，与调度下达定值单核对无误，并在继电保护定值记录簿做好记录。

（6）打印保护定值时，必须由两人进行，其中一人熟悉保护装置打印定值步骤，按现场运行规程打印定值方法执行。

（7）维护应根据 SG186 生产管理系统设备维护周期表执行，完成后应及时将维护记录录入 SG186 生产管理系统。

2.2.4　拓展提高

（1）维护标准是保证定值正确，微机保护打印定值核对后存档，保护连接片位置正确。

（2）相关要求：打印保护定值时，必须由两人进行，其中一人对保护装置打印定值步骤熟悉，按现场运行规程打印定值方法执行。核对定值发现异常时，应汇报站长，核对时禁止私自投退连接片或更改保护定值。

（3）定值维护对象主要有主变保护装置、母差保护装置、线路保护装置、失灵保护屏、故障录波屏、备自投屏、低频屏、远联切屏等。

（4）定值由小调大时，应先调定值，再改变运行方式；定值由大调小时，其顺序相反。

（5）长远定值的变更由继电保护人员调整，运行人员只能进行临时定值变更的调整，进行定值调整必须有专人监护并核对无误。

任务三　变电站站用电、直流系统维护

变电站站用电、直流系统定期维护是掌握各种运行情况、变化情况，及时发现设备异常情况，确保全站一、二次设备安全稳定运行的重要措施，运行值班人员必须按设备维护周期表认真执行，维护中不得兼做其他工作，雷雨等恶劣天气时应停止与室外设备有关的维护

工作。

　　运行班组除了完成交接班、倒闸操作、巡视检查设备、填报记录等正常工作外，还应根据本班组人员组织和设备情况，结合本地区气象、环境条件，制定本班组站用电、直流系统定期运行维护周期表，落实各项运行维护工作，对运行设备应做到正常运行时按时维护，天气变化后及时维护，重点设备重点维护，确保电气设备安全稳定运行。

任务 3.1　变电站站用电系统维护

3.1.1　任务分析

　　站用电系统是指从站用变压器低压出线套管开始的低压接线系统，包括站用电母线及母线上连接的各回路。站用电系统为主变压器提供冷却、调压电源及消防水喷淋电源，为断路器提供储能、加热、驱潮电源，为隔离开关提供操作电源，为直流系统提供变换用电源，还提供站内的照明、检修电源及生活用电，对变电站安全运行起着很重要的作用。对站用电系统维护要求如下。

　　（1）自动空气开关、交流接触器和继电器等两年进行一次 A 类检修。

　　（2）交流回路中的各级熔断器容量的配合每年进行核对，并对熔丝（熔片）逐一进行检查，不良者予以更换。

　　（3）站用电回路的绝缘电阻每年进行一次测量，绝缘不良者予以更换。

　　（4）每月检查一次，事故照明自动切换动作情况，并做好记录；在断开正常工作照明的情况下，检查事故照明的完整性，每半年一次。

　　（5）每季度至少一次对室内外设备场所进行检查维修，并经常保持足够的照明度。

3.1.2　相关知识

　　（1）正常运行方式下，外接电源不得与站用变压器并列运行。

　　（2）站用电运行方式变更，须经调度同意，未经调度同意不得擅自进行操作；操作时必须有专人监护，并做记录。

　　（3）站用变压器一般不允许过负荷运行。

　　（4）要求站用变压器三相电流平衡，其中性线的电流不得超过低压侧额定电流的 25%。

　　（5）站用变压器的电压允许为额定值的 ±5%，如不能满足要求时，可调节分接头位置（或投、退电容器组）。

　　（6）若站用变压器冷却系统采用风冷系统，应每月进行冷却器切换试验。倒换冷却器电源，对单组冷却器轮换并记录，散热片无积灰，冷控箱、端子箱外观正常，内部各元件标识正确，指示正确，驱潮装置正常，馈线回路、表计均正常，端子无锈蚀、无裸露线头，槽板密封，孔洞封堵完好，无异味，无灰尘，无异常声响，卵石无杂物油迹。

3.1.3　任务实施

　　（1）检查站用变压器各接触部位接触应良好，无放电打火现象。

　　（2）检查站用变压器接地补偿装置应运行可靠。

　　（3）检查站用电屏内应无杂物、各馈线运行方式合理并清扫整屏。

　　（4）检查本体及各个部件应无渗漏油现象，外壳接地良好，无断裂、锈蚀现象。

　　（5）气体继电器无气体、漏油现象。

　　（6）呼吸器的硅胶变色超过其 2/3 时应及时进行更换。

（7）切换检查母线电压应正常，负荷分配正常。

（8）检查站用电系统的控制屏、电源箱、动力箱铭牌，必须齐全正确，回路中所有小断路器、小隔离开关及熔断器也必须有相应的铭牌，熔断器必须标明熔丝的容量，隔离开关灭弧罩齐全。

（9）低压配电屏上各低压断路器、隔离开关接触良好，无发热现象，低压断路器位置指示正确，无异常声音、异味，低压熔断器接触良好，无熔断，容量符合要求，低压电力接头良好，无发热现象，电缆孔洞封堵严密。

（10）应根据 SG186 生产管理系统设备维护周期表进行维护，完成后应及时将维护记录录入 SG186 生产管理系统。

3.1.4　拓展提高

（1）两台站用变压器低压侧分列运行时，严禁在低压回路合环运行。

（2）生活及检修用电必须有漏电保护器并定期进行测试。

（3）应定期对站用变压器及其回路设备接点进行红外测温工作。

（4）站用电系统回路要有熔丝配置表，各类熔丝要有一定数量的备品。

（5）负荷有双电源可切换的，应定期进行切换试验。

（6）运行人员应利用站用变压器停电机会，进行站用变压器清扫。

任务 3.2　变电站直流系统维护

3.2.1　任务分析

直流系统由充电机、蓄电池组、馈线屏、在线检测装置等组成。变电站直流系统维护要求如下。

（1）测量时应由两人进行；测量人员应穿符合规定的工作服，戴干燥、清洁的线手套，防止测量时造成电池两极短路灼伤测量人员。

（2）维护清扫工作由两人进行，其中一人除配合工作外，要认真进行监护，防止人员误触电。

（3）检测清扫期间如设备及元件发生异状，造成直流接地、短路，应立即停止工作，保持原状，查清原因。

（4）维护标准：电池电压正常，蓄电池室内无积灰，直流屏面及屏内无积灰，浮充装置工作正常，主充装置检测完好，各直流熔断器或快分开关完好，记录电池电压（数值保留小数点后两位，经队长审核并在蓄电池记录上签字）。

3.2.2　相关知识

（1）铅酸蓄电池正常应以浮充方式运行，浮充电压值一般应控制为 $2.15\sim2.17V$。GFD 铅酸蓄电池组浮充电压值应控制在 $2.23V$。

（2）阀控蓄电池组正常也应以浮充方式运行，浮充电压值应控制在 $2.23\sim2.28V$，一般宜控制在 $2.25V$（25℃）。

（3）备用搁置的阀控蓄电池，每三个月进行一次补充充电。

（4）蓄电池室温度宜保持在 $5\sim30$℃，最高不应超过 35℃，并通风良好。

（5）应定期对充电装置检查交流输入电压表、直流输出电压表、直流输出电流表等各表计显示是否正确，运行噪声有无异常，各保护信号是否正常，绝缘状态是否良好。

（6）当交流电源中断，使蓄电池组放出容量超过其额定容量的 20％及以上时，在恢复交流电源供电后，应立即手动或自动启动充电装置，按照制造厂商规定的正常充电方法对蓄电池进行补充充电。

3.2.3　任务实施

（1）蓄电池运行维护。

1）每月对全部单个蓄电池端电压进行检查，在蓄电池记录簿上按要求做好记录。

2）每月定期对蓄电池进行清扫，并在连接片及桩头上涂一层均匀的凡士林。

3）检查蓄电池室温度是否在允许范围内，照明设施是否完好。

4）检查极柱、安全阀周围是否有渗液和酸雾逸出，电池壳盖有无变形和渗液。

5）每半年检查一次连接部位是否松动。

6）每月检查一次单个蓄电池绝缘。

（2）充电装置运行维护。

1）检查充电装置电压是否在合格范围内。

2）检查充电装置有无异常信号。

3）检查充电装置各断路器位置是否正确，指示灯是否正常。

4）每月对充电装置进行轮换检查。

3.2.4　拓展提高

（1）在线监测装置可显示蓄电池电压和充放电电流，当出现过、欠电压时进行告警。当出现告警时，运行人员应及时进行查看、记录并汇报。

（2）设有温度变送器用于测量蓄电池环境温度，当温度偏离 25℃时，由监控器发出调压命令到充电模块，调节充电模块的输出电压，实现浮充电压温度补偿。

（3）手动定时均充：通过监控器键盘预先设置均充电压，然后启动手动定时均充功能。

手动定时均充程序：以整定的充电电流进行稳流充电，当电压逐渐上升到均充电压整定值时，自动转为稳压充电，当达到预设时间转为浮充运行。

（4）自动均充：当下述条件之一成立时，系统自动启动均充。系统连续浮充运行超过设定的时间（3 个月），交流电源故障，蓄电池放电超过 10min。

自动均充电程序：以整定的充电电流进行稳流充电，当电压逐渐上升到均充电压整定值时，自动转为稳压充电，当充电电流小于 0.01A 后延时 1h，转为浮充运行。

项目三　变电站倒闸操作

电气设备由一种状态转换到另一种状态，或改变电气一次系统运行方式所进行的一系列操作，称为倒闸操作。其主要内容有：拉开或合上某些断路器或隔离开关，拉开或合上接地开关（拆除或挂上接地线），取下或装上某些控制、合闸及电压互感器的熔断器，停用或加用某些继电保护和自动装置及改变定值，改变变压器分接头等。

倒闸操作是一项复杂而重要的工作，操作的正确与否，直接关系到操作人员的安全和设备的正常运行。如若发生误操作事故，其后果是极其严重的。因此，电气运行人员一定要树立"精心操作，安全第一"的思想，严肃认真地对待每一个操作。

变电站倒闸操作学习项目，主要学习典型的 220kV 双母线接线变电站高压断路器停、送电操作，变电站线路停、送电操作，变电站母线停、送电操作，变压器停、送电操作，互感器停、送电操作，补偿装置停、送电操作，站用电、直流系统停送电操作。

典型的 220kV 双母线接线变电站一次系统接线图如图 0-1 所示，变电站正常运行方式详见本书绪论 220kV 双母线接线变电站正常运行方式。

一、倒闸操作的一般规定

1. 电气设备的状态

（1）运行状态。电气设备的相关一、二次回路全部接通带电的状态。

（2）热备用状态。设备在回路中对应的断路器断开、隔离开关合上时的状态，其特点是断路器一经操作就接通电源。

（3）冷备用状态。设备在回路中对应的断路器和隔离开关全都断开时的状态。其显著特点是该设备与其他带电部分之间有明显的断开点。

（4）检修状态。设备在回路中断路器和隔离开关均已断开，待检修设备两侧装设了保护接地线（或合上了接地开关），装设了遮栏，悬挂了标示牌时的状态。

2. 倒闸操作的一般规定

由于倒闸操作是实现设备运行、检修、备用状态的开始、结束或变换参数的操作。它是一项操作复杂且特别危险的行为，因此操作的正确性显得尤为重要。对倒闸操作的一般规定为：

（1）操作人和监护人需经考试合格并经工区领导批准公布。

（2）操作人和监护人不能单凭记忆，而应仔细检查操作地点及设备的名称编号后，才能进行操作。

（3）只有值班长或正值才能够接受调度命令和担任倒闸操作中的监护人；副值无权接受调度命令，只能担任倒闸操作中的操作人；实习人员一般不介入操作中的实质性工作。操作中由正值监护、副值操作。对重要和复杂的倒闸操作，由当值的正值操作，值班长（或站长）监护。

（4）操作人不能只依赖监护人，而应对操作内容做到心中有数。否则，操作中仍可能出问题。

（5）在进行操作期间，不得进行与操作无关的交谈或工作。

（6）处理事故时，不能惊惶失措，以免扩大事故。

（7）设备送电前，必须终结全部工作票，拆除接地线及与检修工作有关的临时安全措施，恢复固定遮栏及常用标示牌。对送电设备进行全面检查应正常，摇测设备绝缘电阻应合格。

（8）无保护的设备不允许投入运行。

（9）装有同期合闸的断路器，必须进行同期合闸，仅在断路器一侧无电压进行充电操作时，才允许合上同期闭锁断路器解除同期闭锁回路。

（10）检修过的断路器送电时，必须进行远方跳合闸试验，运行中的小车断路器不允许解除机械闭锁手动分闸。

（11）现场一次、二次设备要有明显的标志，包括命名、编号、铭牌、转动方向、切换位置的指示以及区别电气相别的颜色。

（12）要有与现场设备标志和运行方式相符合的一次系统模拟图及二次回路的原理图和展开图。

（13）要有合格的操作工具、安全用具和设施（包括放置接地线的专用装置）等。

（14）对下列合闸操作，可以不经调度许可自行进行。

1）在发生人身触电或设备危险时，可自行拉开有关断路器，但事后必须汇报调度。

2）母线电压不合格时，可进行主变压器有载分接开关的操作，但事后必须汇报调度。

3）不属于调度管辖设备的合闸操作，如并联电容器、分路断路器、直流系统、站用电系统等。

3. 倒闸操作的注意事项

（1）倒闸操作必须 2 人进行，1 人操作，1 人监护。

（2）倒闸操作必须先在一次接线模拟屏上进行模拟操作（用微机操作的不作此规定），核对系统接线方式及操作票正确无误后方可正式操作。

（3）倒闸操作时，不允许将设备的电气和机械防误操作闭锁装置解除，特殊情况下如需解除，必须经值长（或值班负责人）同意。

（4）倒闸操作时，必须按操作票填写的顺序逐项唱票和复诵进行操作，每操作完一项，应检查无误后做一个"√"记号，以防操作漏项或顺序颠倒。全部操作完毕后进行复查。

（5）操作时，应戴绝缘手套和穿绝缘靴。

（6）雷电时，禁止倒闸操作。雨天操作室外高压设备时，绝缘棒应有防雨罩。

（7）装、卸高压熔断器时，应戴护目镜和绝缘手套，必要时使用绝缘夹钳，并站在绝缘垫或绝缘台上。

（8）装设接地线（或合接地开关）前，应先验电，后装设接地线（或合接地开关）。

（9）电气设备停电后，即使是事故停电，在未拉开有关隔离开关和做好安全措施前，不得触及设备或进入遮栏，以防突然来电。

二、倒闸操作的基本原则

1. 停送电操作原则

（1）拉、合隔离开关及小车断路器停、送电时，必须检查并确认断路器在断开位置（倒母线除外，此时母联断路器必须合上）。

（2）严禁带负荷拉、合隔离开关，所装电气和机械防误闭锁装置不能随意退出。

（3）停电时，先断开断路器，再拉开负荷侧隔离开关，最后拉开电源侧隔离开关；送电时，先合上电源侧隔离开关，再合上负荷侧隔离开关，最后合上断路器。

（4）手动操作过程中，发现误拉隔离开关，不准把已拉开的隔离开关重新合上。只有用手动蜗轮传动的隔离开关，在动触头未离开静触头刀刃之前，允许将误拉的隔离开关重新合上，不再操作。

（5）超高压线路送电时，必须先投入并联电抗器后再合线路断路器。

（6）线路停电前要先停用重合闸装置，送电后要再投入。

2. 母线倒闸操作原则

（1）倒母线前必须先合上母联断路器，并取下控制熔断器，以保证母线隔离开关在并、解列时满足等电位操作的要求。

（2）在母线隔离开关的合、拉过程中，如可能发生较大火花时，应依次先合靠母联断路器最近的母线隔离开关；拉闸的顺序则与其相反。尽量减小操作母线隔离开关时的电位差。

（3）拉母联断路器前，应检查母联断路器的电流表指示为零；同时，母线隔离开关辅助触点、位置指示器应切换正常，以防"漏"倒设备，或从母线电压互感器二次侧反充电，引起事故。

（4）倒母线的过程中，母线差动保护如不误动，一般均应投入运行。同时，应考虑母线差动保护非选择性断路器的拉、合及低电压闭锁母线差动保护连接片的切换。

（5）母联断路器因故不能使用，必须用母线隔离开关拉、合空载母线时，应先将该母线电压互感器二次侧断开（取下熔断器或低压断路器），防止运行母线电压互感器的熔断器熔断或低压断路器跳闸。

（6）母线停电后需做安全措施者，应验明母线无电压后，方可合上该母线的接地开关或装设接地线。

（7）向检修后或处于备用状态的母线充电时，充电断路器有速断保护时，应优先使用；无速断保护时，其主保护必须加用。

（8）母线倒闸操作时，先给备用母线充电，检查两组母线电压相等，确认母联断路器已合好后，取下其控制熔断器，然后进行母线隔离开关的切换操作。母联断路器断开前，必须确认负荷已全部转移，母联断路器电流表指示为零，再断开母联断路器。

（9）其他注意事项：

1）严禁将检修中的设备或未正式投运设备的母线隔离开关合上。

2）禁止用分段断路器（串有电抗器）代替母联断路器进行充电或倒母线。

3）当拉开工作母线隔离开关后，若发现合上的备用母线隔离开关接触不好、放弧，应立即将拉开的断路器再合上，并查明原因。

4）停电母线的电压互感器所带的保护（如低电压、低频、阻抗保护等），如不能提前切换到运行母线的电压互感器上供电，则事先应将这些保护停用，并断开跳闸连接片。

3. 变压器的停、送电操作原则

（1）双绕组升压变压器停电时，应先拉开高压侧断路器，再拉开低压侧断路器，最后拉开两侧隔离开关。送电时的操作顺序与此相反。

（2）双绕组降压变压器停电时，应先拉开低压侧断路器，再拉开高压侧断路器，最后拉开两侧隔离开关。送电时的操作顺序与此相反。

（3）三绕组升压变压器停电时，应依次拉开高、中、低压三侧断路器，再拉开三侧隔离开关。送电时的操作顺序与此相反。

（4）三绕组降压变压器停、送电的操作顺序与三绕组升压变压器相反。

总的来说，变压器停电时，先拉开负荷侧断路器，后拉开电源侧断路器。送电时的操作顺序与此相反。

4. 消弧线圈操作原则

（1）消弧线圈断路器的拉合均必须在确认该系统中不在接地故障的情况下进行。

（2）消弧线圈在两台变压器中性点之间切换使用时应先拉后合，即任何时间不得有两台变压器中性点共用消弧线圈。

三、倒闸操作中应防止的误操作事故

倒闸操作中的误操作事故中误拉、误合断路器，带负荷拉合隔离开关，带电挂接地线或带电合接地开关，带地线合闸，非同期并列这五种误操作，约占电气误操作事故的 80% 以上，其给电力系统的正常运行带来了严重的影响，是日常防止误操作的重点。

1. 误拉、误合断路器或隔离开关

不少误操作事故都直接或间接地与误拉、误合断路器或隔离开关有关。防止误操作的具体措施是：

（1）倒闸操作发令、接令或联系操作要正确、清楚，并坚持重复命令，有条件的要录音。

（2）操作前进行三对照，操作中坚持三禁止，操作后坚持复查。整个操作要贯彻五不干。

1）三对照：①对照操作任务、运行方式，由操作人填写操作票；②对照"电气模拟图"审查操作票并预演；③对照设备编号无误后再操作。

2）三禁止：①禁止操作人、监护人一齐动手操作，失去监护；②禁止有疑问盲目操作；③禁止边操作、边做与其无关的工作（或聊天），分散精力。

3）五不干：①操作任务不清不干；②操作时无操作票不干；③操作票不合格不干；④应有监护而无监护人不干；⑤设备编号不清不干。

（3）预定的重大操作或运行方式将发生特殊的变化，电气运行专责工程师（技术员）应提前制订"临时措施"，对倒闸操作工作进行指导，做出全面安排，提出相应要求及注意事项、事故预想等，使值班人员操作时心中有数。

（4）通过平时技术培训（考问讲解，事故演习），使值班人员掌握正确的操作方法，并领会规程条文的精神实质。

2. 带负荷拉合隔离开关

带负荷拉合隔离开关是最常见的误操作事故。自 1980 年防误操作闭锁装置普遍应用之后，这种事故有所下降，但并未杜绝，不少单位仍时有发生，后果仍然严重。

（1）带负荷拉合隔离开关事故的主要原因可归纳为以下三点。

1）拉合回路时，回路负荷电流超过了隔离开关开断小电流的允许值。

2）拉合环路时，环路电流及断口电压差超过了允许限度。

3）人为误操作。如走错间隔拉错隔离开关，或断路器未拉开就拉合隔离开关等。

（2）防止带负荷拉合隔离开关的具体措施。

1）按照隔离开关允许的使用范围及条件进行操作。拉合负荷电路时，严格控制电流值，确保在全电压下开断的小电流值在允许值之内。

2）拉合规程规定之外的环路，必须谨慎，要有相应的安全和技术措施。

3）加强操作监护，对号检查，防止走错间隔、动错设备、误拉误合隔离开关。同时，对隔离开关普遍添加装防误操作闭锁装置。

4）拉合隔离开关前，现场检查断路器，必须在断开位置。隔离开关操作后，操动机构的定位销一定要销好，防止因机构滑脱接通或断开负荷电路。

5）倒母线及拉合母线隔离开关，属于等电位操作，故必须保证母联断路器合入，同时取下该断路器的控制熔断器，以防止跳闸。

6）隔离开关检修时，与其相邻运行的隔离开关机构应锁住，以防止误拉合。

7）小车断路器的机械闭锁必须可靠，检修后应实际操作进行验收，以防止将手车带负荷拉出或推入间隔，引起短路。

3. 带电挂接地线或带电合接地开关

防止带电挂地线（带电合接地开关）的措施如下。

（1）断路器、隔离开关拉闸后，必须检查实际位置是否拉开，以免回路电源未切断。

（2）坚持验电，及时发现带电回路，查明原因。

（3）正确判断正常带电与感应电的区别，防止误把带电当静电。

（4）隔离开关拉开后，若一侧带电，一侧不带电，应防止将有电一侧的接地开关合上，造成短路。当隔离开关两侧均装有接地开关时，一旦隔离开关拉开，接地开关与隔离开关之间的机械闭锁即失去作用，此时任意一侧接地开关都可以自由合入。若疏忽大意，必将酿成事故。普遍采取的预防措施为安装带电显示器，并闭锁接地开关，有电时不允许接地开关闭合。

4. 带地线合闸

防止带地线合闸事故与日常技术管理和遵章守纪密切相关，具体执行以下措施。

（1）加强地线的管理。按编号使用地线；拆、挂地线要做记录并登记。

（2）防止在设备系统上遗留地线。

1）拆、挂地线或拉合接地开关，要在"电气模拟图"上做好标记，并与现场的实际位置相符。交接班检查设备时，同时要查对现场地线的位置、数量是否正确，与"电气模拟图"是否一致。

2）禁止任何人不经值班人员同意，在设备系统上私自拆、挂地线，挪动地线的位置，或增加地线的数量。

3）设备第一次送电或检修后送电，值班人员应到现场进行检查，掌握地线的实际情况；调度人员下令送电前，应事先与发电厂、变电站、用户的值班人员核对地线，防止漏拆接地线。

（3）对于一经操作可能向检修地点送电的隔离开关，其操动机构要锁住，并悬挂"有人工作，禁止合闸"的标示牌，防止误操作。

（4）正常倒母线，严禁将检修设备的母线隔离开关误合入。事故倒母线，要按照"先拉后合"的原则操作，即先将故障母线上的母线隔离开关拉开，然后再将运行母线上的母线隔离开关合入，严禁将两母线的母线隔离开关同时合入并列，使运行的母线再短路。

（5）设备检修后的注意事项。

1）检修后的隔离开关应保持在断开位置，以免接通检修回路的地线，送电时引起人为短路。

2）防止工具、仪器、梯子等物件遗留在设备上，送电后引起接地或短路。

3）送电前，坚持摇测设备绝缘电阻。万一遗留地线，通过摇测绝缘可以发现。

5. 非同期并列

发生非同期并列事故的主要原因有：一次系统不符合条件，误合闸；同期用的电压互感器或同期装置电压回路，接线错误，没有定相；人员误操作，误并列。

非同期并列，不但危及发电机、变压器，还严重影响电网及供电系统，造成振荡和甩负荷。就电气设备本身而言，非同期并列的危害甚至超过短路故障。防止非同期并列的具体措施是：

（1）设备变更时要坚持定相。发电机、变压器、电压互感器、线路新投入（大修后投入），或一次回路有改变、接线有变动，并列前均应定相。

（2）防止并列时人为发生误操作。

1）值班人员应熟知全厂（站）的同期回路及同期点。

2）在同一时间不允许投入两个同期电源断路器，以免在同期回路非同期并列。

3）手动同期并列时，要经过同期继电器闭锁，在允许相位差合闸。严禁将同期短接断路器合入，失去闭锁，在任意相位差合闸。

4）厂用主变压器、厂用备用变压器，分别接自不同频率的电源系统时，不准直接并列。此时倒换变压器要采取"拉联"的办法，即手动拉开厂用主变压器的电源断路器，使备用厂用变压器的断路器联动合入。

5）电网电源联络线跳闸，未经检查同期或调度下令许可，严禁强送或合环。

（3）保证同期回路接线正确、同期装置动作良好。

（4）断路器的同期回路或合闸回路有工作时，对应一次回路的隔离开关应拉开，以防断路器误合入、误并列。

另外，严格执行"停电、验电、挂接地线、设置遮栏、挂牌"技术措施的步骤和要求，也是防止误操作的重要手段。同时，防止操作人员高空坠落、误入带电间隔、误登带电构架，也是倒闸操作中注意的要点。

四、变电站倒闸操作的基本流程

变电站倒闸操作的基本流程如下。

（1）判断是否是计划工作。

（2）直接下达调度指令，是指非计划性工作或配合其他单位停电时下达的调度指令。

（3）下达操作指令，是指调度依据检修计划提前向运行单位下达操作预令。

（4）填写操作票。

（5）审核操作票。

（6）操作准备，包括安全工器具、钥匙、应急灯、录音装置等准备。

（7）判断是否是预令。

（8）下达操作动令。

（9）判断操作预令与操作动令是否一致。

（10）模拟操作，是指在模拟图板或五防机上进行模拟操作。

（11）判断模拟操作是否正确。

（12）正式操作，是指到实际设备上实施操作。

（13）操作核对无误，是指操作人员对整个操作的正确性及五防闭锁归位情况进行检查。

（14）汇报，记录归档，是指给调度回复操作命令的执行情况，填写相关记录并进行评价。

任务一　变电站高压断路器停、送电操作

高压断路器是发电厂、变电站及电力系统中最重要的控制和保护设备，它的主要作用是：①控制作用。根据电力系统运行的需要，将部分或全部电气设备，以及部分或全部线路投入或退出运行；②保护作用。当电力系统某一部分发生故障时，它和保护装置、自动装置相配合，将该故障部分从系统中迅速切除，减少停电范围，防止事故扩大，保护系统中各类电气设备不受损坏，保证系统无故障部分安全运行。下面介绍高压断路器类设备需检修及恢复运行时的停、送电操作。

任务 1.1　10kV 纺织线 010 断路器由运行转检修

1.1.1　任务分析

（1）分析保护配置情况：10kV 纺织线 010 断路器配有控制熔断器、主合闸熔断器，在转检修时，需要将此熔断器退出运行。同时还配置了线路重合闸装置，为了避免检修过程中出现线路自动重合闸误动现象而危及检修人员人身及设备安全，需要将重合闸出口连接片退出。

（2）分析 10kV 纺织线 010 断路器分闸的顺序：由于隔离开关不能断开负荷电流，因此，在断路器分闸时，应先断开断路器并检查断路器在断开状态，方能将两侧的隔离开关断开。

1.1.2　相关知识

（1）10kV 纺织线 010 断路器的作用是负责将电能从 10kV Ⅰ 母线通过隔离开关 010-1 和 010-3 送至纺织线。

（2）10kV 纺织线 010 断路器处于运行状态时，控制熔断器、主合闸熔断器以及重合闸连接片均处于投入状态。由运行转检修时，需要将它们退出。

（3）10kV 纺织线 010 断路器从运行转检修时，为了形成明显的开断点，以保证检修人员的生命安全，需要将两侧的隔离开关 010-1 和 010-3 断开，并在隔离开关靠 010 断路器侧进行可靠接地。

1.1.3　任务实施

根据倒闸操作的基本原则及一般程序，通过以上任务分析，正确写出 10kV 纺织线 010 断路器由运行转检修的操作步骤，并结合《电力安全工作规程》以及各级调度规程和其他的有关规定在仿真系统中进行处理。

10kV 纺织线 010 断路器由运行转检修的操作步骤：

（1）拉开纺织线 010 断路器；

（2）检查纺织线 010 断路器在分闸位置；

（3）拉开纺织线 010-3 隔离开关；

（4）检查纺织线 010-3 隔离开关在分闸位置；

（5）拉开纺织线 010-1 隔离开关；

（6）检查纺织线 010-1 隔离开关在分闸位置；

（7）在纺织线 010-3 隔离开关断路器侧验明确无电压；

（8）在纺织线 010-3 隔离开关断路器侧挂 1♯ 地线；

（9）在纺织线 010-1 隔离开关断路器侧验明确无电压；

（10）在纺织线 010-1 隔离开关断路器侧挂 2♯ 地线；

（11）在纺织线 010-1 隔离开关手把处悬挂"禁止合闸，有人工作！"标示牌；

（12）在纺织线 010-3 隔离开关手把处悬挂"禁止合闸，有人工作！"标示牌；

（13）在纺织线 010 断路器控制开关 KK 手把处悬挂"禁止合闸，有人工作！"标示牌；

（14）取下纺织线 010 断路器控制熔断器；

（15）取下纺织线 010 断路器主合闸熔断器；

（16）解除纺织线 010 断路器重合闸出口连接片；

（17）做好记录，报调度及有关领导。

1.1.4　拓展提高

电气设备的检修状态是指回路中断路器和隔离开关均已断开，待检修设备两侧装设了保护接地线（或合上了接地开关），装设了遮栏，悬挂了标示牌时的状态。由此确定需要分闸的设备为 010 断路器和 010 断路器对应的隔离开关 010-1、010-3。

根据隔离开关的操作顺序可知，应先拉负荷侧隔离开关 010-3，再拉电源侧隔离开关 010-1，同时应在经过验电无电以后，挂接地线，以确保检修的安全进行。

在检修过程中，为了避免出现带地线合闸的误操作，需要将一经操作可能向检修地点送电的隔离开关的操动机构锁住，并悬挂"有人工作，禁止合闸"的标示牌。

10kV 其他断路器由运行转检修的操作，操作顺序基本相同。

任务 1.2　10kV 纺织线 010 断路器由检修转运行

1.2.1　任务分析

（1）分析保护投退情况：10kV 纺织线 010 断路器配有控制熔断器、主合闸熔断器以及自动重合闸，在转检修时，它们均已退出运行。因此，转运行时，需要将控制熔断器、主合闸熔断器、重合闸连接片投入运行。

（2）分析 10kV 纺织线 010 断路器合闸的顺序：由于隔离开关不能接通负荷电流，因此，在合上两侧隔离开关之前，必须先检查断路器是断开状态，方能将两侧的隔离开关闭合。

1.2.2　相关知识

（1）10kV 纺织线 010 断路器处于检修状态时，控制熔断器、主合闸熔断器以及重合闸连接片均已退出。由检修转运行时，需要将它们投入，且 010 断路器的控制熔断器和重合闸熔断器在合上 010 断路器之前就应投入。而为了避免出现在手动合上 010 断路器的过程中出现线路重合闸误动作的情况，重合闸出口连接片应该在 010 断路器投入运行之后，处于正常工作状态后方可投入重合闸出口连接片。

（2）10kV 纺织线 010 断路器由运行转检修时，在隔离开关靠 010 断路器侧进行了挂接地线的操作，因此，在将隔离开关闭合之前，应该将接地线拆除，以免出现带地线合闸误操作。

（3）为了避免出现带电合隔离开关的误操作导致大面积停电，在合隔离开关时，应先合母线侧隔离开关，然后再合负荷侧隔离开关，最后合断路器。

1.2.3 任务实施

根据倒闸操作的基本原则及一般程序，通过以上任务分析，正确写出 10kV 纺织线 010 断路器由检修转运行的操作步骤，并结合《电力安全工作规程》以及各级调度规程和其他的有关规定在仿真系统中进行处理。

10kV 纺织线 010 断路器由检修转运行的操作步骤：

（1）拆除纺织线 010-1 隔离开关手把处"禁止合闸，有人工作！"标示牌；

（2）拆除纺织线 010-3 隔离开关手把处"禁止合闸，有人工作！"标示牌；

（3）拆除纺织线 010 断路器控制开关 KK 手把上"禁止合闸，有人工作！"标示牌；

（4）拆除纺织线 010-1 隔离开关断路器侧 2# 地线；

（5）检查纺织线 010-1 隔离开关断路器侧地线已拆除；

（6）拆除纺织线 010-3 隔离开关断路器侧 1# 地线；

（7）检查纺织线 010-3 隔离开关断路器侧地线已拆除；

（8）装上纺织线 010 断路器主合闸熔断器；

（9）装上纺织线 010 断路器控制熔断器；

（10）检查纺织线 010 断路器在分闸位置；

（11）合上纺织线 010-1 隔离开关；

（12）检查纺织线 010-1 隔离开关在合闸位置；

（13）合上纺织线 010-3 隔离开关；

（14）检查纺织线 010-3 隔离开关在合闸位置；

（15）合上纺织线 010 断路器；

（16）检查纺织线 010 断路器在合闸位置；

（17）投入纺织线 010 断路器重合闸出口连接片；

（18）做好记录，报调度及有关领导。

1.2.4 拓展提高

操作隔离开关的顺序为：停电时先拉开负荷侧隔离开关，再拉开电源侧。送电操作与此相反。这样的操作顺序是为了以免出现带负荷拉合隔离开关，将事故范围降到最低（限制在负荷侧）。

在断路器投运过程中，其主合闸熔断器和控制熔断器应在两侧的隔离开关合上之前投入，其目的是为了避免出现隔离开关带负荷合闸或者待送电线路上出现故障而立刻将断路器跳闸。

10kV 其他断路器由检修转运行的操作，操作顺序基本相同。

任务 1.3 110kV 电站 I 线 111 断路器由运行转检修

1.3.1 任务分析

（1）分析保护配置情况：110kV 电站 I 线 111 断路器配有控制熔断器，在转检修时，需要将此熔断器退出运行。同时还配置了合闸出口连接片和重合闸出口连接片，为了避免检修过程中出现线路合闸或自动重合闸误动现象而危及检修人员人身及设备安全，需要将合闸出口连接片与重合闸出口连接片退出。

（2）分析 110kV 电站Ⅰ线 111 断路器分闸的顺序：由于隔离开关不能断开负荷电流，因此，在断路器分闸时，应先断开断路器并检查断路器在断开状态，方能将两侧的隔离开关断开。

1.3.2　相关知识

（1）110kV 电站Ⅰ线 111 断路器的作用是负责将电能从 110kVⅠ母线通过隔离开关 111-1 和 111-3 送至电站Ⅰ线。

（2）110kV 电站Ⅰ线 111 断路器处于运行状态时，控制熔断器、合闸出口连接片以及重合闸连接片均处于投入状态。由运行转检修时，需要将它们退出。

（3）110kV 电站Ⅰ线 111 断路器由运行转检修时，为了形成明显的开断点，以保证检修人员的生命安全，需要将两侧的隔离开关 111-1 和 111-3 断开，并在隔离开关靠 111 断路器侧进行可靠接地，由于 110kV 隔离开关自带接地开关，因此 110kV 的接地操作不需要再像 10kV 那样去挂接地线，而是直接将接地开关合上即可实现可靠接地。

1.3.3　任务实施

根据倒闸操作的基本原则及一般程序，通过以上任务分析，正确写出 110kV 电站Ⅰ线 111 断路器由运行转检修的操作步骤，并结合《电力安全工作规程》以及各级调度规程和其他的有关规定在仿真系统中进行处理。

110kV 电站Ⅰ线 111 断路器由运行转检修的操作步骤：

（1）拉开电站Ⅰ线 111 断路器；

（2）检查电站Ⅰ线 111 断路器在分闸位置；

（3）拉开电站Ⅰ线 111-3 隔离开关；

（4）检查电站Ⅰ线 111-3 隔离开关在分闸位置；

（5）拉开电站Ⅰ线 111-1 隔离开关；

（6）检查电站Ⅰ线 111-1 隔离开关在分闸位置；

（7）在电站Ⅰ线 111-1 隔离开关断路器侧验明确无电压；

（8）合上电站Ⅰ线 111-D1 接地开关；

（9）在电站Ⅰ线 111-3 隔离开关断路器侧验明确无电压；

（10）合上电站Ⅰ线 111-D2 接地开关；

（11）在电站Ⅰ线 111-1 隔离开关手把处悬挂"禁止合闸，有人工作！"标示牌；

（12）在电站Ⅰ线 111-3 隔离开关手把处悬挂"禁止合闸，有人工作！"标示牌；

（13）在电站Ⅰ线 111 断路器控制开关 KK 手把上悬挂"禁止合闸，有人工作！"标示牌；

（14）取下电站Ⅰ线 111 断路器控制熔断器；

（15）拉开电站Ⅰ线 111 断路器信号电源；

（16）拉开电站Ⅰ线 111 断路器油泵电源；

（17）拉开电站Ⅰ线 111 断路器电热电源；

（18）解除电站Ⅰ线 111 保护盘"合闸出口"连接片；

（19）投入电站Ⅰ线 111 保护盘"闭锁重合闸"连接片；

（20）做好记录，报调度及有关领导。

1.3.4 拓展提高

断路器检修时，需断开该断路器二次回路所有电源（或者取下相应的熔断器），停用相应的母差保护跳该断路器及断路器失灵启动连接片。

110kV 断路器的断开工作在控制室即可实现，但是其信号电源、油泵电源以及电热电源需要到实际场地 110kV 断路器处进行操作。

任务 1.4 110kV 电站Ⅰ线 111 断路器由检修转运行

1.4.1 任务分析

（1）分析保护投退情况：110kV 电站Ⅰ线 111 断路器配有控制熔断器、保护合闸回路以及重合闸装置，在转检修时，它们均已退出运行。因此，转运行时，需要将控制熔断器、合闸出口连接片及重合闸出口连接片投入。

（2）分析 110kV 电站Ⅰ线 111 断路器合闸的顺序：由于隔离开关不能接通负荷电流，因此，在断路器合闸时，应先检查断路器是断开状态，方能将两侧的隔离开关闭合。

1.4.2 相关知识

（1）110kV 电站Ⅰ线 111 断路器处于检修状态时，控制熔断器、主合闸熔断器以及重合闸连接片均已退出。由检修转运行时，需要将它们投入。且 111 断路器的控制熔断器、信号电源、油泵电源以及电热电源在合上 111 断路器之前就应投入。为了提高供电可靠性，重合闸出口连接片在 111 断路器投入运行之后方可投入。

（2）110kV 电站Ⅰ线 111 断路器由运行转检修时，111-D1 接地开关与 111-D3 接地开关均闭合，因此，在转运行时，必须首先将 111-D1 接地开关与 111-D3 接地开关拉开，以免出现带地线合闸误操作。

（3）为了避免出现带地线合闸误操作导致大面积停电，合隔离开关时，先合电源侧隔离开关，再合负荷侧的隔离开关，最后合断路器。

1.4.3 任务实施

根据倒闸操作的基本原则及一般程序，通过以上任务分析，正确写出 110kV 电站Ⅰ线 111 断路器由检修转运行的操作步骤，并结合《电力安全工作规程》以及各级调度规程和其他的有关规定在仿真系统中进行处理。

110kV 电站Ⅰ线 111 断路器由检修转运行的操作步骤：

（1）拆除电站Ⅰ线 111-1 隔离开关操作手把处"禁止合闸，有人工作！"标示牌；

（2）拆除电站Ⅰ线 111-3 隔离开关操作手把处"禁止合闸，有人工作！"标示牌；

（3）拆除电站Ⅰ线 111 断路器控制开关 KK 手把上"禁止合闸，有人工作！"标示牌；

（4）拉开电站Ⅰ线 111-D1 接地开关；

（5）检查电站Ⅰ线 111-D1 接地开关在分闸位置；

（6）拉开电站Ⅰ线 111-D2 接地开关；

（7）检查电站Ⅰ线 111-D2 接地开关在分闸位置；

（8）合上电站Ⅰ线 111 断路器油泵电源；

（9）合上电站Ⅰ线 111 断路器电热电源；

（10）合上电站Ⅰ线 111 断路器信号电源；

（11）装上电站Ⅰ线 111 断路器控制熔断器；

（12）检查电站Ⅰ线 111 断路器在分闸位置；

（13）合上电站Ⅰ线 111-1 隔离开关；

（14）检查电站Ⅰ线 111-1 隔离开关在合闸位置；

（15）合上电站Ⅰ线 111-3 隔离开关；

（16）检查电站Ⅰ线 111-3 隔离开关在合闸位置；

（17）合上电站Ⅰ线 111 断路器；

（18）检查电站Ⅰ线 111 断路器在合闸位置；

（19）投入电站Ⅰ线 111 保护盘"合闸出口"连接片；

（20）解除电站Ⅰ线 111 保护盘"闭锁重合闸"连接片；

（21）做好记录，汇报调度及有关领导。

1.4.4 拓展提高

断路器投运前，必须检查有关继电保护已恢复至正常运行状态，其母差保护电流互感器端子已可靠接入差动回路，并投入相应的母差保护跳闸及断路器失灵启动连接片。

任务 1.5 220kV 电厂Ⅰ线 221 断路器由运行转检修

1.5.1 任务分析

（1）电厂Ⅰ线 221 断路器的作用：将电厂Ⅰ线输出的电能通过 221 断路器输送至变电站 220kVⅠ母线。

（2）分析保护投退情况：220kV 系统的保护装置与 110kV 有所不同，因此应首先熟悉 220kV 系统的保护配置情况，从而确定保护的投退情况及顺序。

1.5.2 相关知识

（1）220kV 电厂Ⅰ线 221 断路器处于运行状态时，控制熔断器、综合重合闸均处于投入状态。由运行转检修时，需要将它们退出，同时在退出综合重合闸时，需要将沟通三跳连接片投入。

（2）220kV 线路退出综合重合闸，投入沟通三跳连接片的作用是：实现任何故障跳三相，即只有当以下条件满足时三跳出口动作：当线路有电流，且收到单相跳或三跳信号并同时满足重合闸检修、退出或重合闸为三重方式条件之一。

1.5.3 任务实施

根据倒闸操作的基本原则及一般程序，通过以上任务分析，正确写出 220kV 电厂Ⅰ线 221 断路器由运行转检修的操作步骤，并结合《电力安全工作规程》以及各级调度规程和其他的有关规定在仿真系统中进行处理。

220kV 电厂Ⅰ线 221 断路器由运行转检修的操作步骤：

（1）将电厂Ⅰ线 221 线路保护盘（二）综合重合闸手把置于停用位置；

（2）将电厂Ⅰ线 221 线路保护盘（一）综合重合闸手把置于停用位置；

（3）投入电厂Ⅰ线 221 高频距离 902 保护盘沟通三跳连接片；

（4）投入电厂Ⅰ线 221 高频方向 901 保护盘沟通三跳连接片；

（5）拉开电厂Ⅰ线 221 断路器；

（6）检查电厂Ⅰ线221断路器在分闸位置；

（7）拉开电厂Ⅰ线221-3隔离开关；

（8）检查电厂Ⅰ线221-3隔离开关在分闸位置；

（9）拉开电厂Ⅰ线221-1隔离开关；

（10）检查电厂Ⅰ线221-1隔离开关在分闸位置；

（11）在电厂Ⅰ线221-1隔离开关断路器侧验明确无电压；

（12）合上电厂Ⅰ线221-D1接地开关；

（13）在电厂Ⅰ线221-3隔离开关断路器侧验明确无电压；

（14）合上电厂Ⅰ线221-D2接地开关；

（15）在电厂Ⅰ线221-1隔离开关操作手把处悬挂"禁止合闸，有人工作！"标示牌；

（16）在电厂Ⅰ线221-3隔离开关操作手把处悬挂"禁止合闸，有人工作！"标示牌；

（17）在电厂Ⅰ线221断路器控制开关KK手把上悬挂"禁止合闸，有人工作！"标示牌；

（18）拉开电厂Ⅰ线221断路器油泵电源开关；

（19）拉开电厂Ⅰ线221断路器电热电源开关；

（20）拉开电厂Ⅰ线221断路器信号电源开关；

（21）取下电厂Ⅰ线221断路器控制熔断器；

（22）做好记录，报调度及有关领导。

1.5.4　拓展提高

重合闸运行方式分为单相重合闸、三相重合闸、综合重合闸、重合闸停用。

（1）单相重合闸，功能是单相故障时跳单相，然后进行单相重合，若重合到永久性故障，系统又不允许长期非全相运行时，保护再次跳开三相且不再进行重合。相间故障时跳开三相，不进行重合。

（2）三相重合闸，功能是任何类型的故障都跳三相，然后三相重合，重合于永久性故障时跳三相且不再进行重合。

（3）综合重合闸，功能是单相故障时，跳单相，然后单相重合，当重合到永久性故障时，若系统不允许长期非全相运行时，跳三相且不再进行重合；相间故障，跳三相，然后三相重合，重合于永久性故障时跳三相且不再进行重合。

（4）重合闸停用，功能是任何故障时都跳三相，不重合。

任务1.6　220kV电厂Ⅰ线221断路器由检修转运行

1.6.1　任务分析

（1）电厂Ⅰ线221断路器由检修转运行，系统保护方式需要从检修状态的配置转入运行状态，也即沟通三跳连接片需要退出运行，重合闸连接片将投入运行。

（2）在熟悉220kV线路的保护装置的基础上，确定操作顺序。首先应将处于安全保护的接地开关拉开，然后装上断路器的控制熔断器，在对隔离开关和断路器均进行操作以后，方可投入重合闸，最后将沟通三跳连接片退出。

1.6.2　相关知识

（1）220kV电厂Ⅰ线221断路器由检修转运行时，综合重合闸投入运行以后才可以把沟通三跳连接片解除。

（2）综合重合闸的运行方式由以下四种方式可选，即单跳单重、三相重合闸、综合重合闸、重合闸停用。本次位置选择为单跳单重。

1.6.3 任务实施

据倒闸操作的基本原则及一般程序，通过以上任务分析，正确写出 220kV 电厂Ⅰ线 221 断路器由检修转运行的操作步骤，并结合《电力安全工作规程》以及各级调度规程和其他的有关规定在仿真系统中进行处理。

220kV 电厂Ⅰ线 221 断路器由检修转运行的操作步骤：

（1）拆除电厂Ⅰ线 221-1 隔离开关操作手把处"禁止合闸，有人工作！"标示牌；

（2）拆除电厂Ⅰ线 221-3 隔离开关操作手把处"禁止合闸，有人工作！"标示牌；

（3）拆除电厂Ⅰ线 221 断路器控制开关 KK 手把上"禁止合闸，有人工作！"标示牌；

（4）拉开电厂Ⅰ线 221-D1 接地开关；

（5）检查电厂Ⅰ线 221-D1 接地开关在分闸位置；

（6）拉开电厂Ⅰ线 221-D2 接地开关；

（7）检查电厂Ⅰ线 221-D2 接地开关在分闸位置；

（8）合上电厂Ⅰ线 221 断路器油泵电源开关；

（9）合上电厂Ⅰ线 221 断路器电热电源开关；

（10）合上电厂Ⅰ线 221 断路器信号电源开关；

（11）装上电厂Ⅰ线 221 断路器控制熔断器；

（12）检查电厂Ⅰ线 221 断路器在分闸位置；

（13）合上电厂Ⅰ线 221-1 隔离开关；

（14）检查电厂Ⅰ线 221-1 隔离开关在合闸位置；

（15）合上电厂Ⅰ线 221-3 隔离开关；

（16）检查电厂Ⅰ线 221-3 隔离开关在合闸位置；

（17）合上电厂Ⅰ线 221 断路器；

（18）检查电厂Ⅰ线 221 断路器在合闸位置；

（19）将电厂Ⅰ线 221 线路保护盘（二）综合重合闸手把置于单重位置；

（20）将电厂Ⅰ线 221 线路保护盘（一）综合重合闸手把置于单重位置；

（21）解除电厂Ⅰ线 221 高频距离保护盘沟通三跳连接片；

（22）解除电厂Ⅰ线 221 高频方向保护盘沟通三跳连接片；

（23）做好记录，报调度及有关领导。

1.6.4 拓展提高

220kV 及以上的系统，为了能够可靠且迅速地切除故障，保证系统的安全运行，一般需要配置两套继电保护装置，且继电保护装置的构成原理应有所不同。

任务二 变电站线路停、送电操作

电力线路是用来传递电能的，电力线路在长期带电运行中可能出现各种缺陷或故障，因此在固定的周期内需要对其进行检修，也就需要进行停、送电操作。下面介绍线路需检修及恢复运行时的停、送电操作。

任务 2.1　10kV 纺织线线路由运行转检修

2.1.1　任务分析

（1）分析 10kV 系统运行方式：10kV 侧采用单母线分段的运行方式，纺织线通过 010 断路器从 10kVⅠ母线获取电能。

（2）需要操作的设备：由于纺织线通过 010 断路器从Ⅰ母线获取电能，由运行转检修时，需要将纺织线从系统中切除，因此需要操作 010 断路器，将 010 断路器断开。

2.1.2　相关知识

（1）纺织线 010 断路器断开为了形成明显的断电点，以确保检修安全，需要将纺织线线路侧的隔离开关即 010-3 拉开，并装设接地线。

（2）由于本次操作是对线路进行检修，因此无需断开母线侧隔离开关 010-1。

2.1.3　任务实施

根据倒闸操作的基本原则及一般程序，通过以上任务分析，正确写出 10kV 纺织线线路由运行转检修的操作步骤，并结合《电力安全工作规程》以及各级调度规程和其他的有关规定在仿真系统中进行处理。

10kV 纺织线线路由运行转检修的操作步骤：

（1）拉开纺织线 010 断路器；

（2）检查纺织线 010 断路器在分闸位置；

（3）拉开纺织线 010-3 隔离开关；

（4）检查纺织线 010-3 隔离开关在分闸位置；

（5）在纺织线 010-3 隔离开关线路侧验明确无电压；

（6）在纺织线 010-3 隔离开关线路侧挂 1♯地线；

（7）在纺织线 010-3 隔离开关手把处悬挂"禁止合闸，线路有人工作！"标示牌；

（8）在纺织线 010 断路器控制开关 KK 手把处悬挂"禁止合闸，线路有人工作！"标示牌；

（9）做好记录，报调度及有关领导。

2.1.4　拓展提高

标示牌"禁止合闸，线路有人工作"应该挂在可能对线路进行送电的一侧的隔离开关操作把手处。

在线路停电操作中，若调度没有下令投保护及重合闸装置时，保护及重合闸装置应维持原状态。

任务 2.2　10kV 纺织线线路由检修转运行

2.2.1　任务分析

（1）本次操作任务为对 10kV 纺织线线路进行送电操作。由于检修时采取了安全措施，因此转运行前，需要将之前采取的接地以及悬挂的标示牌取下，方能进行送电操作。

（2）分析 10kV 纺织线 010 断路器合闸的顺序。由于隔离开关不能接通负荷电流，因此，在断路器合闸时，应先检查断路器在断开状态，方能合负荷侧隔离开关。

58

变 电 运 行

2.2.2 相关知识

（1）10kV 纺织线线路从运行转检修时，在隔离开关 010-3 靠线路侧进行了挂接地线的操作，因此，在将隔离开关闭合之前，应该将接地线拆除，以免出现带地线合闸误操作。

（2）在对线路进行送电时，在合隔离开关之前，需要检查断路器是否在分闸位置，在确保其在分闸位置之后，方可进行合隔离开关操作，以防出现带负荷合隔离开关的误操作。

2.2.3 任务实施

根据倒闸操作的基本原则及一般程序，通过以上任务分析，正确写出 10kV 纺织线线路由检修转运行的操作步骤，并结合《电力安全工作规程》以及各级调度规程和其他的有关规定在仿真系统中进行处理。

10kV 纺织线线路由检修转运行的操作步骤：

（1）拆除纺织线 010-3 隔离开关操作手把处"禁止合闸，线路有人工作！"标示牌；

（2）拆除纺织线 010 断路器控制开关 KK 手把"禁止合闸，线路有人工作！"标示牌；

（3）拆除纺织线 010-3 隔离开关线路侧 1♯地线；

（4）检查纺织线 010-3 隔离开关线路侧地线已拆除；

（5）检查纺织线 010 断路器在分闸位置；

（6）合上纺织线 010-3 隔离开关；

（7）检查纺织线 010-3 隔离开关在合闸位置；

（8）合上纺织线 010 断路器；

（9）检查纺织线 010 断路器在合闸位置；

（10）做好记录，报调度及有关领导。

2.2.4 拓展提高

利用断路器对线路恢复送电时，若线路的保护为退出状态时，应先将保护投入，才可对线路进行送电操作。

任务 2.3　110kV 电站 I 线线路由运行转检修

2.3.1 任务分析

（1）分析 110kV 系统运行方式：110kV 侧采用双母线接线的运行方式，I 母线和 II 母线通过母联断路器 115 采取并列方式运行。其中电站 I 线、电站 III 线直接与 I 母线相连，电站 II 线、电站 IV 线与 II 母线相连。

（2）需要操作的设备：由于电站 I 线通过 111 断路器从 I 母线获取电能，该线路由运行转检修时，需要将电站 I 线从系统中切除，因此需要操作 111 断路器，将 111 断路器断开。

2.3.2 相关知识

（1）电站 I 线 111 断路器断开之后为了形成明显的断电点，以确保检修安全，需要将电站 I 线线路侧的隔离开关即 111-3 拉开，并将 111-3 隔离开关靠线路侧接地。

（2）由于本次操作是对线路进行检修，因此无需断开母线侧隔离开关 111-1。

2.3.3 任务实施

根据倒闸操作的基本原则及一般程序，通过以上任务分析，正确写出 110kV 电站 I 线线路由运行转检修的操作步骤，并结合《电力安全工作规程》以及各级调度规程和其他的有关规定在仿真系统中进行处理。

110kV 电站Ⅰ线线路由运行转检修的操作步骤：

(1) 拉开电站Ⅰ线 111 断路器；

(2) 检查电站Ⅰ线 111 断路器在分闸位置；

(3) 拉开电站Ⅰ线 111-3 隔离开关；

(4) 检查电站Ⅰ线 111-3 隔离开关在分闸位置；

(5) 在电站Ⅰ线 111-3 隔离开关线路侧验明确无电压；

(6) 合上电站Ⅰ线 111-D3 接地开关；

(7) 在电站Ⅰ线 111-3 隔离开关手把处悬挂"禁止合闸，线路有人工作!"标示牌；

(8) 在电站Ⅰ线 111 断路器控制开关 KK 手把上悬挂"禁止合闸，线路有人工作!"标示牌；

(9) 做好记录，报调度及有关领导。

2.3.4 拓展提高

110kV 线路停电操作顺序：应先拉受电端断路器，后拉送电端断路器。

母线为 3/2 接线方式的线路停电时，应先拉开中断路器，后拉边断路器。

任务 2.4 110kV 电站Ⅰ线线路由检修转运行

2.4.1 任务分析

(1) 分析 110kV 系统运行方式：110kV 侧采用双母线接线的运行方式，Ⅰ母线和Ⅱ母线通过母联断路器 115 采取并列方式运行。其中电站Ⅲ线直接与Ⅰ母线相连，电站Ⅱ线、电站Ⅳ线与Ⅱ母线相连，电站Ⅰ线处于检修状态，其由检修转正常运行时，需要将电站Ⅰ线通过相应的断路器与Ⅰ母线相连，恢复正常的运行方式。

(2) 需要操作的设备：由于电站Ⅰ线通过 111 断路器从 110kVⅠ母线获取电能，该线路由检修转运行时，需要将电站Ⅰ线接至 110kVⅠ母线，因此需要操作 111 断路器，将 111 断路器闭合。

2.4.2 相关知识

(1) 110kV 电站Ⅰ线线路从运行转检修时，在隔离开关 111-3 靠线路侧进行了合接地开关的操作，因此，在合隔离开关之前，应该将接地开关拉开，以免出现带地线合闸误操作。

(2) 在对线路进行送电时，在合隔离开关之前，需要检查断路器是否在分闸位置，在确保其在分闸位置之后，方可进行合隔离开关操作，以防出现带负荷合隔离开关的误操作。

2.4.3 任务实施

根据倒闸操作的基本原则及一般程序，通过以上任务分析，正确写出 110kV 电站Ⅰ线线路由检修转运行的操作步骤，并结合《电力安全工作规程》以及各级调度规程和其他的有关规定在仿真系统中进行处理。

110kV 电站Ⅰ线线路由检修转运行的操作步骤：

(1) 拆除电站Ⅰ线 111-3 隔离开关操作手把处"禁止合闸，线路有人工作!"标示牌；

(2) 拆除电站Ⅰ线 111 断路器控制开关 KK 手把上"禁止合闸，线路有人工作!"标示牌；

（3）拉开电站Ⅰ线 111-D3 接地开关；

（4）检查电站Ⅰ线 111-D3 接地开关在分闸位置；

（5）检查电站Ⅰ线 111 断路器在分闸位置；

（6）合上电站Ⅰ线 111-3 隔离开关；

（7）检查电站Ⅰ线 111-3 隔离开关在合闸位置；

（8）合上电站Ⅰ线 111 断路器；

（9）检查电站Ⅰ线 111 断路器在合闸位置；

（10）做好记录，报调度及有关领导。

2.4.4　拓展提高

110kV 线路送电操作顺序：应先合送电端断路器，后合受电端断路器。

母线为 3/2 接线方式的线路送时，应先合边断路器，后合中断路器。

任务 2.5　220kV 电厂Ⅰ线线路及断路器由运行转检修

2.5.1　任务分析

（1）分析 220kV 系统运行方式：220kV 侧采用双母线接线的运行方式，Ⅰ母线和Ⅱ母线通过母联断路器 225 采取并列方式运行。其中电厂Ⅰ线、电源Ⅰ线直接与 220kVⅠ母线相连，电厂Ⅱ线、电源Ⅱ线与 220kVⅡ母线相连。

（2）需要操作的设备：由于电厂Ⅰ线通过 221 断路器与 220kVⅠ母线相连，该线路由运行转检修时，需要将电厂Ⅰ线从系统中切除，因此需要操作 221 断路器，将 221 断路器断开。

2.5.2　相关知识

（1）电厂Ⅰ线 221 断路器断开之后为了形成明显的断电点，以确保检修安全，需要将电站Ⅰ线线路侧的隔离开关即 221-3 拉开，并将 221-3 隔离开关靠线路侧接地。

（2）由于本次操作对线路及断路器均进行检修，因此需断开母线侧隔离开关 221-1，并将 221-1 隔离开关靠断路器侧接地。

（3）220kV 电厂Ⅰ线 221 断路器处于运行状态时，控制熔断器、综合重合闸均处于投入状态。由运行转检修时，需要将它们退出，同时在退出综合重合闸时，需要将沟通三跳连接片投入。

2.5.3　任务实施

根据倒闸操作的基本原则及一般程序，通过以上任务分析，正确写出 220kV 电厂Ⅰ线线路及断路器由运行转检修的操作步骤，并结合《电力安全工作规程》以及各级调度规程和其他的有关规定在仿真系统中进行处理。

220kV 电厂Ⅰ线线路及断路器由运行转检修的操作步骤：

（1）将电厂Ⅰ线 221 线路保护盘（二）综合重合闸手把置于停用位置；

（2）将电厂Ⅰ线 221 线路保护盘（一）综合重合闸手把置于停用位置；

（3）投入电厂Ⅰ线 221 高频距离保护盘沟通三跳连接片；

（4）投入电厂Ⅰ线 221 高频方向保护盘沟通三跳连接片；

（5）拉开电厂Ⅰ线 221 断路器；

（6）检查电厂Ⅰ线 221 断路器在分闸位置；

（7）拉开电厂Ⅰ线 221-3 隔离开关；

（8）检查电厂Ⅰ线 221-3 隔离开关在分闸位置；

（9）拉开电厂Ⅰ线 221-1 隔离开关；

（10）检查电厂Ⅰ线 221-1 隔离开关在分闸位置；

（11）在电厂Ⅰ线 221-1 隔离开关断路器侧验明确无电压；

（12）合上电厂Ⅰ线 221-D1 接地开关；

（13）在电厂Ⅰ线 221-3 隔离开关断路器侧验明确无电压；

（14）合上电厂Ⅰ线 221-D2 接地开关；

（15）在电厂Ⅰ线 221-3 隔离开关线路侧验明确无电压；

（16）合上电厂Ⅰ线 221-D3 接地开关；

（17）拉开电厂Ⅰ线 221 断路器油泵电源开关；

（18）拉开电厂Ⅰ线 221 断路器电热电源开关；

（19）拉开电厂Ⅰ线 221 断路器信号电源开关；

（20）取下电厂Ⅰ线 221 断路器控制熔断器；

（21）在电厂Ⅰ线 221-1 隔离开关操作手把处悬挂"禁止合闸，线路有人工作！"标示牌；

（22）在电厂Ⅰ线 221-3 隔离开关操作手把处悬挂"禁止合闸，线路有人工作！"标示牌；

（23）在电厂Ⅰ线 221 断路器控制开关 KK 手把上悬挂"禁止合闸，线路有人工作！"标示牌；

（24）做好记录，报调度及有关领导。

2.5.4 拓展提高

线路停用重合闸后投入沟通三跳连接片的目的是为了保证任何故障下，保护都跳三相，且不进行重合。

任务 2.6 220kV 电厂Ⅰ线线路及断路器由检修转运行

2.6.1 任务分析

（1）分析 220kV 系统运行方式：220kV 侧采用双母线接线的运行方式，Ⅰ母线和Ⅱ母线通过母联断路器 225 采取并列方式运行。其中电源Ⅰ线直接与 220kVⅠ母线相连，电厂Ⅱ线、电源Ⅱ线与 220kVⅡ母线相连，电厂Ⅰ线线路及断路器处于检修状态，其由检修转正常运行时，需要将电厂Ⅰ线通过相应的断路器与 220kVⅠ母线相连，恢复正常的运行方式。

（2）需要操作的设备：由于电厂Ⅰ线通过 221 断路器与 220kVⅠ母线相连，该线路及断路器由检修转运行时，需要将电厂Ⅰ线接至 220kVⅠ母线，因此需要操作 221 断路器，将 221 断路器闭合。

2.6.2 相关知识

（1）220kV 电厂Ⅰ线线路及断路器由运行转检修时，在隔离开关 221-3 靠线路侧、221-1 靠母线侧、221-3 靠断路器侧均进行了合接地开关的操作，因此，合隔离开关之前，应该将这些接地开关拉开，以免出现带地线合闸误操作。

（2）在对线路进行送电时，在合隔离开关之前，需要检查断路器是否在分闸位置，在确保其在分闸位置之后，方可进行合隔离开关操作，以防出现带负荷合隔离开关的误操作。

（3）220kV 电厂Ⅰ线线路及 221 断路器处于运行状态时，综合重合闸处于投入状态。由于检修时将综合重合闸停用了，故由检修转运行时，需要将其投入，同时在投入综合重合闸之后，需要将沟通三跳连接片解除。

2.6.3 任务实施

根据倒闸操作的基本原则及一般程序，通过以上任务分析，正确写出 220kV 电厂Ⅰ线线路及断路器由检修转运行的操作步骤，并结合《电力安全工作规程》以及各级调度规程和其他的有关规定在仿真系统中进行处理。

220kV 电厂Ⅰ线线路及断路器由检修转运行的操作步骤：

（1）拆除电厂Ⅰ线 221-1 隔离开关操作手把处"禁止合闸，线路有人工作！"标示牌；

（2）拆除电厂Ⅰ线 221-3 隔离开关操作手把处"禁止合闸，线路有人工作！"标示牌；

（3）拆除电厂Ⅰ线 221 断路器控制开关 KK 手把处"禁止合闸，线路有人工作！"标示牌；

（4）拉开电厂Ⅰ线 221-D3 接地开关；

（5）检查电厂Ⅰ线 221-D3 接地开关在分闸位置；

（6）拉开电厂Ⅰ线 221-D1 接地开关；

（7）检查电厂Ⅰ线 221-D1 接地开关在分闸位置；

（8）拉开电厂Ⅰ线 221-D2 接地开关；

（9）检查电厂Ⅰ线 221-D2 接地开关在分闸位置；

（10）合上电厂Ⅰ线 221 断路器油泵电源开关；

（11）合上电厂Ⅰ线 221 断路器电热电源开关；

（12）合上电厂Ⅰ线 221 断路器信号电源开关；

（13）装上电厂Ⅰ线 221 断路器控制熔断器；

（14）检查电厂Ⅰ线 221 断路器在分闸位置；

（15）合上电厂Ⅰ线 221-1 隔离开关；

（16）检查电厂Ⅰ线 221-1 隔离开关在合闸位置；

（17）合上电厂Ⅰ线 221-3 隔离开关；

（18）检查电厂Ⅰ线 221-3 隔离开关在合闸位置；

（19）合上电厂Ⅰ线 221 断路器；

（20）检查电厂Ⅰ线 221 断路器在合闸位置；

（21）将电厂Ⅰ线 221 线路保护盘（二）综合重合闸手把置于单重位置；

（22）将电厂Ⅰ线 221 线路保护盘（一）综合重合闸手把置于单重位置；

（23）解除电厂Ⅰ线 221 高频距离保护盘沟通三跳连接片；

（24）解除电厂Ⅰ线 221 高频方向保护盘沟通三跳连接片；

（25）做好记录，报调度及有关领导。

2.6.4 拓展提高

沟通三跳连接片应在重合闸投入运行之后才能解除，否则如果在解除沟通三跳连接片之后出现故障，而此时重合闸又还没有及时投入，造成无法切除故障的现象发生。

任务三 变电站母线停、送电操作

母线是指在变电站中各级电压配电装置的连接，以及变压器等电气设备和相应配电装置的连接导线。其作用为汇集、分配和传送电能。下面介绍母线需检修及恢复运行时的停、送电操作。

任务 3.1 10kVⅡ母线由运行转检修

3.1.1 任务分析

（1）分析 10kV 系统运行方式：10kV 侧采用单母线分段的运行方式，10kVⅠ母线和Ⅱ母线分段运行，分断断路器 016 断路器在断开位置（热备用状态），Ⅰ母线所带负荷为纺织线、交通线、轻工线、站用变Ⅰ以及电压互感器 P01、电容器组Ⅰ，Ⅱ母线所带负荷为电子线、地质线、站用变Ⅱ以及电压互感器 P02、电容器组Ⅱ。

（2）需要操作的设备：由于 10kVⅡ母线需要检修，根据 10kV 负荷的特点，10kVⅡ母线由运行转检修时，需要将其所带的负荷及二次设备全部切除，因此需要操作 017、018、019、021 断路器，将这些断路器断开，同时切除互感器。为了将Ⅱ母线从系统中彻底切除，需要将Ⅱ母线的电源侧，也即 002 断路器断开。

3.1.2 相关知识

（1）母线由运行转检修时，需要将靠电源侧与负荷侧的隔离开关拉开，以形成明显的断开点。

（2）10kV 系统上接有Ⅱ站用变，站用变是为站用负荷供电的，故不能停电。在对 10kVⅡ母线检修时，需要将低压站用变Ⅱ母线与Ⅰ母线并列运行，故需要操作低压 380V 分段 312 断路器。

3.1.3 任务实施

根据倒闸操作的基本原则及一般程序，通过以上任务分析，正确写出 10kVⅡ母线由运行转检修的操作步骤，并结合《电力安全工作规程》以及各级调度规程和其他的有关规定在仿真系统中进行处理。

10kVⅡ母线由运行转检修的操作步骤：

（1）拉开电子线 017 断路器；

（2）检查电子线 017 断路器在分闸位置；

（3）拉开电子线 017-3 隔离开关；

（4）检查电子线 017-3 隔离开关在分闸位置；

（5）拉开电容Ⅱ018 断路器；

（6）检查电容Ⅱ018 断路器在分闸位置；

（7）拉开电容Ⅱ018-3 隔离开关；

（8）检查电容Ⅱ018-3 隔离开关在分闸位置；

（9）拉开地质线 019 断路器；

（10）检查地质线 019 断路器在分闸位置；

（11）拉开地质线 019-3 隔离开关；

（12）检查地质线 019-3 隔离开关在分闸位置；

（13）拉开Ⅱ♯站用变低压 382 断路器；

（14）检查Ⅱ♯站用变低压 382 断路器在分闸位置；

（15）合上低压侧分段 312 断路器；

（16）检查低压侧分段 312 断路器在合闸位置；

（17）检查低压所用Ⅱ♯母线电压表指示；

（18）拉开Ⅱ♯站用变 021 断路器；

（19）检查Ⅱ♯站用变 021 断路器在分闸位置；

（20）拉开Ⅱ♯站用变 021-3 隔离开关；

（21）检查Ⅱ♯站用变 021-3 隔离开关在分闸位置；

（22）解除 10kV 分段 016 自投连接片；

（23）检查 10kV 分段 016 断路器在分闸位置；

（24）拉开 10kV 分段 016-2 隔离开关；

（25）检查 10kV 分段 016-2 隔离开关在分闸位置；

（26）解除Ⅱ♯主变 10kV 侧复合电压启动连接片；

（27）拉开Ⅱ♯主变 002 断路器；

（28）检查Ⅱ♯主变 002 断路器在分闸位置；

（29）拉开Ⅱ♯主变 002-3 隔离开关；

（30）检查Ⅱ♯主变 002-3 隔离开关在分闸位置；

（31）取下 10kVⅡ♯母线电压互感器二次熔断器；

（32）拉开 10kVⅡ♯母线电压互感器一次侧 P02-2 隔离开关；

（33）检查 10kVⅡ♯母线电压互感器一次侧 P02-2 隔离开关在分闸位置；

（34）在Ⅱ♯站用变 021-2 隔离开关母线侧验明确无电压；

（35）在Ⅱ♯站用变 021-2 隔离开关母线侧挂 1♯地线；

（36）在 10kV 分段 016-2 隔离开关母线侧验明确无电压；

（37）在 10kV 分段 016-2 隔离开关母线侧挂 2♯地线；

（38）做好记录，报调度及有关领导。

3.1.4 拓展提高

单母线停电检修时，应先拉开待停电母线上所有负荷断路器，然后拉开电源断路器，再将所有间隔设备（电压互感器、站用变压器等）转冷备用，最后将母线三相接地。

带有电容器的母线停电时，停电前需要先拉开电容器断路器，目的是为了避免出现过电压，危及设备绝缘。

若站用电需要维持供电时，则需要先将站用变从待停电母线上切除，然后利用低压侧分段断路器实现由另一母线供电。其目的是为了避免出现非同期并列。

任务 3.2 10kVⅡ母线由检修转运行

3.2.1 任务分析

（1）分析 10kV 系统运行方式：10kV 侧采用单母线分段的运行方式，10kVⅠ母线和Ⅱ

母线分段运行，分断断路器 016 断路器在断开位置（热备用状态），10kVⅠ母线所带负荷为纺织线、交通线、轻工线、站用变Ⅰ以及电压互感器 P01、电容器组Ⅰ，10kVⅡ母线所带负荷为电子线、地质线、站用变Ⅱ以及电压互感器 P02、电容器组Ⅱ。

（2）需要操作的设备：由于 10kVⅡ母线处于检修状态，故其原来所带负荷均已从母线断开，且从主变来的电源也已经断开。Ⅱ母线由检修转运行时，需要将其所带的负荷及二次设备全部投入，因此需要操作 017、018、019、021 断路器，将这些断路器闭合，同时接入互感器。主变电源也需要送至 10kVⅡ母线，故需要将 10kVⅡ母线电源侧 002 断路器闭合。

3.2.2　相关知识

（1）10kVⅡ母线由运行转检修时，在隔离开关 016-2 靠母线侧、017-2 靠母线侧进行了挂接地线的操作，因此，合隔离开关之前，应该将这些接地线拉开，以免出现带地线合闸误操作。

（2）在进行母线由检修转运行时，先应该对母线进行充电，也即先合电源侧断路器，再合负荷侧断路器。

3.2.3　任务实施

根据倒闸操作的基本原则及一般程序，通过以上任务分析，正确写出 10kVⅡ母线由检修转运行的操作步骤，并结合《电力安全工作规程》以及各级调度规程和其他的有关规定在仿真系统中进行处理。

10kVⅡ母线由检修转运行的操作步骤：

（1）拆除 10kV 分段 016-2 隔离开关母线侧 2#地线；
（2）检查 10kV 分段 016-2 隔离开关母线侧地线已拆除；
（3）拆除Ⅱ#站用变 021-2 隔离开关母线侧 1#地线；
（4）检查Ⅱ#站用变 021-2 隔离开关母线侧地线已拆除；
（5）合上 10kVⅡ#母线电压互感器一次侧 P02-2 隔离开关；
（6）检查 10kVⅡ#母线电压互感器一次侧 P02-2 隔离开关已合上；
（7）装上 10kVⅡ母线 P02 电压互感器二次熔断器；
（8）检查Ⅱ#主变 002 断路器在分闸位置；
（9）合上Ⅱ#主变 002-3 隔离开关；
（10）检查Ⅱ#主变 002-3 隔离开关在合闸位置；
（11）合上Ⅱ#主变 002 断路器；
（12）检查Ⅱ#主变 002 断路器在合闸位置；
（13）检查 10kVⅡ母线电压表指示；
（14）投入Ⅱ#主变 10kV 侧复合电压启动连接片；
（15）检查 10kV 分段 016 断路器在分闸位置；
（16）合上 10kV 分段 016-2 隔离开关；
（17）检查 10kV 分段 016-2 隔离开关在合闸位置；
（18）投入 10kV 分段 016 自投连接片；
（19）检查电子线 017 断路器在分闸位置；
（20）合上电子线 017-3 隔离开关；

（21）检查电子线 017-3 隔离开关在合闸位置；

（22）合上电子线 017 断路器；

（23）检查电子线 017 断路器在合闸位置；

（24）检查地质线 019 断路器在分闸位置；

（25）合上地质线 019-3 隔离开关；

（26）检查地质线 019-3 隔离开关在合闸位置；

（27）合上地质线 019 断路器；

（28）检查地质线 019 断路器在合闸位置；

（29）检查Ⅱ＃站用变 021 断路器在分闸位置；

（30）合上Ⅱ＃站用变 021-3 隔离开关；

（31）检查Ⅱ＃站用变 021-3 隔离开关在合闸位置；

（32）合上Ⅱ＃站用变 021 断路器；

（33）检查Ⅱ＃站用变 021 断路器在合闸位置；

（34）拉开低压侧分段 312 断路器；

（35）检查低压侧分段 312 断路器在分闸位置；

（36）合上Ⅱ＃站用变低压 382 断路器；

（37）检查Ⅱ＃站用变低压 382 断路器在合闸位置；

（38）检查所用低压Ⅱ母线电压表指示；

（39）检查电容Ⅱ018 断路器在分闸位置；

（40）合上电容Ⅱ018-3 隔离开关；

（41）检查电容Ⅱ018-3 隔离开关在合闸位置；

（42）合上电容Ⅱ018 断路器；

（43）检查电容Ⅱ018 断路器在合闸位置；

（44）做好记录，报调度及有关领导。

3.2.4　拓展提高

在对母线充电前，应将空母线上只能用隔离开关充电的附属设备，如电压互感器、避雷器等先投入运行。

带有电容器的母线送电时，电容器组应在母线恢复运行之后再投入运行。目的是为了避免出现过电压，危及设备绝缘。

任务 3.3　110kVⅡ母线负荷倒Ⅰ母线运行，Ⅱ母线由运行转检修

3.3.1　任务分析

（1）分析 110kV 系统运行方式：110kV 侧采用双母线接线的运行方式，110kVⅠ母线和Ⅱ母线通过母联断路器 115 实现并列运行，115 断路器是闭合位置，110kVⅠ母线所带负荷为电站Ⅰ线、电站Ⅲ线以及电压互感器 P11，110kVⅡ母线所带负荷为电站Ⅱ线、电站Ⅳ线以及电压互感器 P12。

（2）需要操作的设备：由于Ⅱ母线需要检修，原来Ⅱ母线所带的负荷将由Ⅰ母线来供电。Ⅱ母线由运行转检修时，需要将其所带的负荷及二次设备全部切除，因此需要操作 111、113 断路器，将这些断路器断开，同时切除互感器。为了将Ⅱ母线从系统中彻地切除，

需要将Ⅱ母线的电源侧，也即 102 断路器断开，同时将 115 断路器断开，用来将Ⅰ母线与Ⅱ母线分开运行。

3.3.2 相关知识

（1）倒负荷时，为了避免母联断路器误跳闸，需要将母联断路器的控制熔断器取下，待倒负荷过程结束之后方可将母联断路器的控制熔断器装上。

（2）110kV 母线，一般在母线的两端装有接地开关，检修时，需要将两端的接地开关均接地，以保证检修的安全。

3.3.3 任务实施

根据倒闸操作的基本原则及一般程序，通过以上任务分析，正确写出 110kVⅡ母线负荷倒Ⅰ母线运行，Ⅱ母线由运行转检修的操作步骤，并结合《电力安全工作规程》以及各级调度规程和其他的有关规定在仿真系统中进行处理。

110kVⅡ母线负荷倒Ⅰ母线运行，Ⅱ母线由运行转检修的操作步骤：

（1）110kV 母差保护非选择手把切至投入位置；

（2）取下 110kV 母联 115 断路器控制熔断器；

（3）合上电站Ⅱ线 112-1 隔离开关；

（4）检查电站Ⅱ线 112-1 隔离开关在合闸位置；

（5）合上Ⅱ♯主变 102-1 隔离开关；

（6）检查Ⅱ♯主变 102-1 隔离开关在合闸位置；

（7）合上电站Ⅵ线 114-1 隔离开关；

（8）检查电站Ⅵ线 114-1 隔离开关在合闸位置；

（9）拉开电站Ⅵ线 114-2 隔离开关；

（10）检查电站Ⅵ线 114-2 隔离开关在分闸位置；

（11）拉开Ⅱ♯主变 102-2 隔离开关；

（12）检查Ⅱ♯主变 102-2 隔离开关在分闸位置；

（13）拉开电站Ⅱ线 112-2 隔离开关；

（14）检查电站Ⅱ线 112-2 隔离开关在分闸位置；

（15）装上 110kV 母联 115 断路器控制熔断器；

（16）拉开 110kV 母联 115 断路器；

（17）检查 110kV 母联 115 断路器在分闸位置；

（18）解除 110kV 母差Ⅱ母复合电压启动连接片；

（19）拉开 110kV 母联 115-11 隔离开关；

（20）检查 110kV 母联 115-11 隔离开关在分闸位置；

（21）拉开 110kV 母联 115-2 隔离开关；

（22）检查 110kV 母联 115-2 隔离开关在分闸位置；

（23）拉开 110kVⅡ母线电压互感器 P12 二次自动空气开关；

（24）检查 110kVⅡ母线电压互感器 P12 二次自动空气开关在分闸位置；

（25）拉开 110kVⅡ母线电压互感器 P12 二次隔离开关；

（26）检查 110kVⅡ母线电压互感器 P12 二次隔离开关在分闸位置；

（27）拉开 110kVⅡ母线电压互感器 P12-2 隔离开关；

（28）检查 110kVⅡ母线电压互感器 P12-2 隔离开关在分闸位置；

（29）在 110kVⅡ母线 D12-1 接地开关母线侧验明确无电压；

（30）合上 110kVⅡ母线 D12-1 接地开关；

（31）在 110kVⅡ母线 D12-2 接地开关母线侧验明确无电压；

（32）合上 110kVⅡ母线 D12-2 接地开关；

（33）做好记录，报调度及有关领导。

3.3.4　拓展提高

对可能出现谐振的变电站，在母线和母线电压互感器同时停电时，待停电母线转为空母线之后，应先拉开电压互感器隔离开关，后拉开母联断路器。

在母线隔离开关的拉、合过程中，如可能发生较大的火花时，应先合靠母联断路器最近的母线隔离开关，以尽量减小操作母线隔离开关时的电位差。拉闸的顺序与此相反。

倒母线时，必须先取下母联断路器的控制熔断器，待倒母线成功之后方能再装上其控制熔断器。其原因是为了避免母联断路器在倒母线过程中出现误跳闸（如误操作、保护动作或直流两点接地），导致合第一组母线隔离开关或者拉最后一组母线隔离开关时，出现不等电位操作，而导致系统事故的发生。

任务 3.4　110kVⅡ母线由检修转运行，110kV 母线恢复正常方式

3.4.1　任务分析

（1）分析 110kV 系统正常运行方式：110kV 侧采用双母线接线的运行方式，110kVⅠ母线和Ⅱ母线通过母联断路器 115 实现并列运行，110kVⅠ母线所带负荷为电站Ⅰ线、电站Ⅲ线以及电压互感器 P11，Ⅱ母线所带负荷为电站Ⅱ线、电站Ⅳ线以及电压互感器 P12。

（2）需要操作的设备：由于Ⅱ母线检修时，原来Ⅱ母线所带的负荷由Ⅰ母线供电。Ⅱ母线由检修转运行时，需要将其所带的负荷从Ⅰ母线转至Ⅱ母线，因此需要操作 111、113 断路器，将这些断路器闭合，同时投入互感器。为了将Ⅱ母线接入系统，需要将Ⅱ母线的电源侧，也即 102 断路器闭合，同时将 115 断路器闭合，实现Ⅰ母线与Ⅱ母线并列运行。

3.4.2　相关知识

（1）倒负荷时，为了避免母联断路器误跳闸而导致不等电位操作隔离开关事故，需要将母联断路器的控制熔断器取下，待倒负荷过程结束之后方可将母联断路器的控制熔断器装上。

（2）一般地，检修时退出运行的互感器，在母线准备投入运行之前，需要将互感器提前投入运行，以便正确检测母线电压是否正常。

3.4.3　任务实施

根据倒闸操作的基本原则及一般程序，通过以上任务分析，正确写出 110kVⅡ母线由检修转运行，110kV 母线恢复正常方式的操作步骤，并结合《电力安全工作规程》以及各级调度规程和其他的有关规定在仿真系统中进行处理。

110kVⅡ母线由检修转运行，110kV 母线恢复正常方式的操作步骤：

（1）拉开 110kVⅡ母线 D12-1 接地开关；

（2）检查 110kV Ⅱ 母线 D12-1 接地开关在分闸位置；

（3）拉开 110kV Ⅱ 母线 D12-2 接地开关；

（4）检查 110kV Ⅱ 母线 D12-2 接地开关在分闸位置；

（5）合上 110kV Ⅱ 母线电压互感器 P12-2 隔离开关；

（6）检查 110kV Ⅱ 母线电压互感器 P12-2 隔离开关在合闸位置；

（7）合上 110kV Ⅱ 母线电压互感器 P12 二次开关；

（8）检查 110kV Ⅱ 母线电压互感器 P12 二次开关在合闸位置；

（9）合上 110kV Ⅱ 母线电压互感器 P12 二次自动空气开关；

（10）检查 110kV Ⅱ 母线电压互感器 P12 二次自动空气开关在合闸位置；

（11）检查 110kV 母联 115 断路器在分闸位置；

（12）合上 110kV 母联 115-2 隔离开关；

（13）检查 110kV 母联 115-2 隔离开关在合闸位置；

（14）合上 110kV 母联 115-11 隔离开关；

（15）检查 110kV 母联 115-11 隔离开关在合闸位置；

（16）投入 110kV 母差充电保护连接片；

（17）合上 110kV 母联 115 断路器；

（18）检查 110kV 母联 115 断路器在合闸位置；

（19）检查 110kV Ⅱ 母线电压指示；

（20）投入 110kV 母差 Ⅱ 母线复合电压启动连接片；

（21）解除 110kV 母差充电保护连接片；

（22）取下 110kV 母联 115 断路器控制熔断器；

（23）合上电站 Ⅱ 线 112-2 隔离开关；

（24）检查电站 Ⅱ 线 112-2 隔离开关在合闸位置；

（25）合上 Ⅱ ♯ 主变 102-2 隔离开关；

（26）检查 Ⅱ ♯ 主变 102-2 隔离开关在合闸位置；

（27）合上电站 Ⅳ 线 114-2 隔离开关；

（28）检查电站 Ⅳ 线 114-2 隔离开关在合闸位置；

（29）拉开电站 Ⅳ 线 114-1 隔离开关；

（30）检查电站 Ⅳ 线 114-1 隔离开关在分闸位置；

（31）拉开 Ⅱ ♯ 主变 102-1 隔离开关；

（32）检查 Ⅱ ♯ 主变 102-1 隔离开关在分闸位置；

（33）拉开电站 Ⅱ 线 112-1 隔离开关；

（34）检查电站 Ⅱ 线 112-1 隔离开关在分闸位置；

（35）装上 110kV 母联 115 控制熔断器；

（36）110kV 母差非选择手把切至退出位置；

（37）做好记录，报调度及有关领导。

3.4.4　拓展提高

可能出现谐振的变电站，母线和母线电压互感器恢复正常运行时，应先对母线送电，然后通过隔离开关将电压互感器合上。

任务 3.5 220kV 电厂Ⅱ线 222 断路器由运行转检修，220kVⅡ母线负荷倒Ⅰ母线运行，220kVⅡ母线由运行转检修（实际检修 222-2 隔离开关）

3.5.1 任务分析

（1）分析 220kV 系统运行方式：220kV 侧采用双母线接线的运行方式，220kVⅠ母线和Ⅱ母线通过母线联断路器 225 采取并列方式运行。其中电厂Ⅰ线、电源Ⅰ线直接与 220kVⅠ母线相连，电厂Ⅱ线、电源Ⅱ线与 220kVⅡ母线相连，220kVⅠ母线、Ⅱ母线分别接有 P21、P22 互感器。

（2）需要操作的设备：由于 220kVⅡ母线需要检修，原来Ⅱ母线所带的负荷将由Ⅰ母线来供电。Ⅱ母线由运行转检修时，需要将其所带的负荷及二次设备全部切除，因此需要操作 222、224 断路器，将这些断路器断开，同时切除互感器 P22。为了将Ⅱ母线从系统中彻底切除，需要将Ⅱ母线的电源侧，也即 202 断路器断开，同时将 225 断路器断开，用来将Ⅰ母线与Ⅱ母线分开运行。

3.5.2 相关知识

（1）倒负荷时，为了避免母联断路器误跳闸，需要将母联断路器的控制熔断器取下，待倒负荷过程结束之后方可将母联断路器的控制熔断器装上。

（2）220kV 母线，一般在母线的两端装有接地开关，检修时，需要将两端的接地开关均接地，以保证检修的安全。

3.5.3 任务实施

根据倒闸操作的基本原则及一般程序，通过以上任务分析，正确写出电厂Ⅱ线 222 断路器由运行转检修，220kVⅡ母线负荷倒Ⅰ母线运行，220kVⅡ母线由运行转检修的操作步骤，并结合《电力安全工作规程》以及各级调度规程和其他的有关规定在仿真系统中进行处理。

电厂Ⅱ线 222 断路器由运行转检修，220kVⅡ母线负荷倒Ⅰ母线运行，220kVⅡ母线由运行转检修操作步骤：

（1）拉开电厂Ⅱ线 222 断路器；

（2）检查电厂Ⅱ线 222 断路器在分闸位置；

（3）拉开电厂Ⅱ线 222-3 隔离开关；

（4）检查电厂Ⅱ线 222-3 隔离开关在分闸位置；

（5）拉开电厂Ⅱ线 222-2 隔离开关；

（6）检查电厂Ⅱ线 222-2 隔离开关在分闸位置；

（7）投入 220kV 母差保护互联连接片；

（8）取下 220kV 母联 225 断路器控制熔断器；

（9）合上电源Ⅱ线 224-1 隔离开关；

（10）检查电源Ⅱ线 224-1 隔离开关在合闸位置；

（11）合上Ⅱ#主变 202-1 隔离开关；

（12）检查Ⅱ#主变 202-1 隔离开关在合闸位置；

（13）拉开Ⅱ#主变 202-2 隔离开关；

（14）检查Ⅱ#主变 202-2 隔离开关在分闸位置；

（15）拉开电源 Ⅱ 线 224-2 隔离开关；

（16）检查电源 Ⅱ 线 224-2 隔离开关在分闸位置；

（17）装上 220kV 母联 225 断路器控制熔断器；

（18）拉开 220kV 母联 225 断路器；

（19）检查 220kV 母联 225 断路器在分闸位置；

（20）解除 220kV 母差 Ⅱ 母线复合电压启动连接片；

（21）解除 220kV 失灵 Ⅱ 母线复合电压启动连接片；

（22）拉开 220kV 母联 225-1 隔离开关；

（23）检查 220kV 母联 225-1 隔离开关在分闸位置；

（24）拉开 220kV 母联 225-2 隔离开关；

（25）检查 220kV 母联 225-2 隔离开关在分闸位置；

（26）拉开 220kV Ⅱ 母线电压互感器 P22 二次侧自动空气开关；

（27）检查 220kV Ⅱ 母线电压互感器 P22 二次侧自动空气开关在分闸位置；

（28）拉开 220kV Ⅱ 母线电压互感器 P22 二次侧隔离开关；

（29）检查 220kV Ⅱ 母线电压互感器 P22 二次侧隔离开关在分闸位置；

（30）拉开 220kV Ⅱ 母线电压互感器 P22-2 隔离开关；

（31）检查 220kV Ⅱ 母线电压互感器 P22-2 隔离开关在分闸位置；

（32）在 220kV Ⅱ 母线 D22-1 接地开关母线侧验明确无电压；

（33）合上 D22-1 接地开关；

（34）在 220kV Ⅱ 母线 D22-2 接地开关母线侧验明确无电压；

（35）合上 D22-2 接地开关；

（36）在电厂 Ⅱ 线 222-1 隔离开关断路器侧验明确无电压；

（37）合上电厂 Ⅱ 线 222-D1 接地开关；

（38）在电厂 Ⅱ 线 222-3 隔离开关断路器侧验明确无电压；

（39）合上电厂 Ⅱ 线 222-D2 接地开关；

（40）拉开电厂 Ⅱ 线 222 断路器油泵电源开关；

（41）拉开电厂 Ⅱ 线 222 断路器电热电源开关；

（42）拉开电厂 Ⅱ 线 222 断路器信号电源开关；

（43）取下电厂 Ⅱ 线 222 断路器控制熔断器；

（44）做好记录，报调度及有关领导。

3.5.4 拓展提高

微机型母差保护，在倒母线操作前，应进行相应切换，如投入互联连接片或者单母线方式连接片等，且应检查切换后的情况（指示灯及相应的光子牌亮），然后将母联断路器改非自动（或者取下其控制熔断器），倒母线结束后，应将母联断路器恢复为自动（或装上其控制熔断器）。

运行中的双母线倒母线操作时，应防止运行的母线电压互感器对停用的母线电压互感器二次反充电。因此，待停用的母线转热备用之后（母联断路器拉开），应先断开该母线上电压互感器的所有二次侧自动空气开关（或取下熔断器），再拉开母线上电压互感器的高压侧隔离开关（或取下熔断器）。

任务 3.6　220kVⅡ母线由检修转运行，220kV母线恢复正常方式，电厂Ⅱ线222断路器由检修转运行

3.6.1　任务分析

（1）分析220kV系统正常运行方式：220kV侧采用双母线接线的运行方式，220kVⅠ母线和220kVⅡ母线通过母联断路器225采取并列方式运行。其中电厂Ⅰ线、电源Ⅰ线直接与220kVⅠ母线相连，电厂Ⅱ线、电源Ⅱ线与220kVⅡ母线相连。电厂Ⅱ线222断路器处于检修状态，其由检修转正常运行时，需要将电厂Ⅱ线通过相应的断路器与220kVⅡ母线相连，恢复正常的运行方式。

（2）需要操作的设备：由于220kVⅡ母线检修时，原来Ⅱ母线所带的负荷由Ⅰ母线供电。Ⅱ母线由检修转运行时，需要将其所带的负荷从Ⅰ母线转至Ⅱ母线，因此需要操作224断路器，将断路器闭合，同时投入互感器。为了将Ⅱ母线接入系统，需要将Ⅱ母线的电源侧，也即202断路器闭合，同时将115断路器闭合，实现Ⅰ母线与Ⅱ母线并列运行。

3.6.2　相关知识

倒负荷时，为了避免母联断路器误跳闸，需要将母联断路器的控制熔断器取下，待倒负荷过程结束之后方可将母联断路器的控制熔断器装上。

3.6.3　任务实施

根据倒闸操作的基本原则及一般程序，通过以上任务分析，正确写出220kVⅡ母线由检修转运行，220kV母线倒正常方式，电厂Ⅱ线222断路器由检修转运行的操作步骤，并结合《电力安全工作规程》以及各级调度规程和其他的有关规定在仿真系统中进行处理。

220kVⅡ母线由检修转运行，220kV母线倒正常运行，电厂Ⅱ线222断路器由检修转运行的操作步骤：

（1）拉开D22-1接地开关；

（2）检查D22-1接地开关在分闸位置；

（3）拉开D22-2接地开关；

（4）检查D22-2接地开关在分闸位置；

（5）拉开电厂Ⅱ线222-D1接地开关；

（6）检查电厂Ⅱ线222-D1接地开关在分闸位置；

（7）拉开电厂Ⅱ线222-D2接地开关；

（8）检查电厂Ⅱ线222-D2接地开关在分闸位置；

（9）合上电厂Ⅱ线222断路器油泵电源开关；

（10）合上电厂Ⅱ线222断路器电热电源开关；

（11）合上电厂Ⅱ线222断路器信号电源开关；

（12）装上电厂Ⅱ线222断路器控制熔断器；

（13）合上220kVⅡ母线电压互感器P22-2隔离开关；

（14）检查220kVⅡ母线电压互感器P22-2隔离开关在合闸位置；

（15）合上220kVⅡ母线电压互感器P22二次隔离开关；

（16）检查220kVⅡ母线电压互感器P22二次隔离开关在合闸位置；

（17）合上220kVⅡ母线电压互感器P22二次侧自动空气开关；

（18）检查 220kV Ⅱ母线电压互感器 P22 二次侧自动空气开关在合闸位置；

（19）检查 220kV 母联 225 断路器在分闸位置；

（20）合上 220kV 母联 225-1 隔离开关；

（21）检查 220kV 母联 225-1 隔离开关在合闸位置；

（22）合上 220kV 母联 225-2 隔离开关；

（23）检查 220kV 母联 225-2 隔离开关在合闸位置；

（24）投入 220kV 母差保护充电连接片；

（25）解除 220kV 母差保护互连连接片；

（26）检查 220kV 母差保护充电延时短接连接片在投入位置；

（27）合上 220kV 母联 225 断路器；

（28）检查 220kV 母联 225 断路器在合闸位置；

（29）检查 220kV Ⅱ母线电压指示；

（30）投入 220kV 母差保护Ⅱ♯母线复合电压启动连接片；

（31）投入 220kV 失灵Ⅱ♯母线复合电压启动连接片；

（32）解除 220kV 母差保护充电连接片；

（33）投入 220kV 母差保护互联连接片；

（34）取下 220kV 母联 225 断路器控制熔断器；

（35）合上电源Ⅱ线 224-2 隔离开关；

（36）检查电源Ⅱ线 224-2 隔离开关在合闸位置；

（37）合上Ⅱ♯主变 202-2 隔离开关；

（38）检查Ⅱ♯主变 202-2 隔离开关在合闸位置；

（39）拉开Ⅱ♯主变 202-1 隔离开关；

（40）检查Ⅱ♯主变 202-1 隔离开关在分闸位置；

（41）拉开电源Ⅱ线 224-1 隔离开关；

（42）检查电源Ⅱ线 224-1 隔离开关在分闸位置；

（43）装上 220kV 母联 225 断路器控制熔断器；

（44）解除 220kV 母差保护互联连接片；

（45）检查电厂Ⅱ线 222 断路器在分闸位置；

（46）合上电厂Ⅱ线 222-2 隔离开关；

（47）检查电厂Ⅱ线 222-2 隔离开关在合闸位置；

（48）合上电厂Ⅱ线 222-3 隔离开关；

（49）检查电厂Ⅱ线 222-3 隔离开关在合闸位置；

（50）合上电厂Ⅱ线 222 断路器；

（51）检查电厂Ⅱ线 222 断路器在合闸位置；

（52）做好记录，报调度及有关领导。

3.6.4 拓展提高

在母线侧隔离开关合上（或拉开）的过程中，如果可能发生较大的火花时，应先合靠母联断路器最近的母线侧的隔离开关；拉开的顺序反之，以尽量减小母线侧隔离开关操作时的电位差。

任务四　变电站主变压器停、送电操作

电力变压器是发电厂和变电站的主要设备之一，其利用电磁感应原理，可以实现不同电压等级之间的变换，根据变比的大小可以分为升压变压器和降压变压器。升压变压器主要是将低电压升高，以便于远距离传输，减小线路的损耗和压降。降压变压器则将高电压转变为低电压，以满足电力用户的需要。下面介绍变压器需检修及恢复运行时的停、送电操作。

任务4.1　Ⅰ#主变由运行转检修

4.1.1　任务分析

（1）分析系统正常运行方式：220kV侧采用双母线接线，且为并列运行；110kV侧采用双母线接线，并列运行；10kV侧采用单母线分段接线，分列运行，其中10kVⅠ母线由Ⅰ#主变供电，10kVⅡ母线由Ⅱ#主变供电。

（2）需要操作的设备：由于Ⅰ#主变需要检修，原来Ⅰ#主变所带的重要负荷将由Ⅱ#主变来供电。因此需要操作001、101、201断路器，将这些断路器断开，由于110、220kV系统均为双母线并列运行，所以Ⅰ#主变由运行转检修不会造成其供电负荷停电。而10kV侧为单母线分段运行，016断路器为断开状态，故为了保证不中断对10kVⅠ母线重要负荷的供电，需要将016断路器合上。

4.1.2　相关知识

（1）三绕组降压变压器停电时，应依次拉开低、中、高压三侧断路器，再拉开三侧隔离开关。

（2）当系统正常运行方式由两台主变改为一台主变运行时，应尽可能保证不停电。但是如果电源容量不足或负荷过大时，希望低压侧能够自动甩掉一部分负荷。故Ⅰ#主变由检修转运行时，虽然将10kV侧的分段断路器合上了，但是考虑到过负荷的情况，需要投入复合电压闭锁过电流保护跳开分段断路器连接片。

4.1.3　任务实施

根据倒闸操作的基本原则及一般程序，通过以上任务分析，正确写出Ⅰ#主变由运行转检修的操作步骤，并结合《电力安全工作规程》以及各级调度规程和其他的有关规定在仿真系统中进行处理。

Ⅰ#主变由运行转检修的操作步骤：

（1）解除10kV分段016自投出口连接片；

（2）合上10kV分段016断路器；

（3）检查10kV分段016断路器在合闸位置；

（4）检查001、002负荷分配；

（5）拉开Ⅰ#主变001断路器；

（6）检查Ⅰ#主变001断路器在分闸位置；

（7）投入Ⅱ#主变10kV复合电压闭锁过电流保护跳开分段断路器连接片；

（8）拉开Ⅰ#主变101断路器；

（9）检查Ⅰ♯主变101断路器在分闸位置；

（10）合上Ⅰ♯主变中性点D10-2接地开关；

（11）检查Ⅰ♯主变中性点D10-2接地开关在合闸位置；

（12）拉开Ⅰ♯主变201断路器；

（13）检查Ⅰ♯主变201断路器在分闸位置；

（14）拉开Ⅰ♯主变001-3隔离开关；

（15）检查Ⅰ♯主变001-3隔离开关在分闸位置；

（16）拉开Ⅰ♯主变101-3隔离开关；

（17）检查Ⅰ♯主变101-3隔离开关在分闸位置；

（18）拉开Ⅰ♯主变201-3隔离开关；

（19）检查Ⅰ♯主变201-3隔离开关在分闸位置；

（20）在Ⅰ♯主变201-3隔离开关主变侧验明确无电压；

（21）合上Ⅰ♯主变201-D3接地开关；

（22）在Ⅰ♯主变101-3隔离开关主变侧验明确无电压；

（23）合上Ⅰ♯主变101-D3接地开关；

（24）在Ⅰ♯主变001-3隔离开关主变侧验明确无电压；

（25）在Ⅰ♯主变001-3隔离开关主变侧挂1♯地线；

（26）拉开站用变Ⅰ♯主变1段风冷电源；

（27）拉开站用变Ⅰ♯主变2段风冷电源；

（28）拉开Ⅰ♯主变调压电源；

（29）做好记录，报调度及有关领导。

4.1.4　拓展提高

变压器停电时，应先停负荷侧，再停电源侧。当两侧或三侧均有电源时，应先停低压侧，后停高压侧。

在变压器解列操作中，应将变压器中性点接地之后方能将变压器从系统中退出运行。其目的是为了避免在解列操作中出现断路器非同期动作或不对称开断，出现电容传递过电压或者失步工频过电压所造成的事故。

任务4.2　Ⅰ♯主变由检修转运行

4.2.1　任务分析

（1）分析Ⅰ♯主变在检修状态时系统运行方式：220kV侧采用双母线接线，且为并列运行；110kV侧采用双母线接线，并列运行；10kV侧采用单母线分段接线，并列运行；均由Ⅱ♯主变供电。

（2）需要操作的设备：由于Ⅰ♯主变由检修状态转运行，需要将10kV系统侧单母线进行分段，恢复正常运行方式，故需要操作016断路器，将其断开。

4.2.2　相关知识

三绕组降压变压器送电时，应依次合上高压、中压、低压侧断路器。若中低压中有双母线运行或单母线分段运行方式时，还需要检测两个母线的负荷分配是否正常。

4.2.3　任务实施

根据倒闸操作的基本原则及一般程序，通过以上任务分析，正确写出Ⅰ♯主变由检修转运行的操作步骤，并结合《电力安全工作规程》以及各级调度规程和其他的有关规定在仿真系统中进行处理。

Ⅰ♯主变由检修转运行的操作步骤：

(1) 拆除Ⅰ♯主变 001-3 隔离开关主变侧 1♯地线；

(2) 检查Ⅰ♯主变 001-3 隔离开关主变侧地线已拆除；

(3) 拉开Ⅰ♯主变 101-D3 接地开关；

(4) 检查Ⅰ♯主变 101-D3 接地开关在分闸位置；

(5) 拉开Ⅰ♯主变 201-D3 接地开关；

(6) 检查Ⅰ♯主变 201-D3 接地开关在分闸位置；

(7) 合上所用盘Ⅰ♯主变 1 段风冷电源；

(8) 合上所用盘Ⅰ♯主变 2 段风冷电源；

(9) 合上Ⅰ♯主变调压电源；

(10) 检查Ⅰ♯主变 201 断路器在分闸位置；

(11) 合上Ⅰ♯主变 201-3 隔离开关；

(12) 检查Ⅰ♯主变 201-3 隔离开关在合闸位置；

(13) 检查Ⅰ♯主变 101 断路器在分闸位置；

(14) 合上Ⅰ♯主变 101-3 隔离开关；

(15) 检查Ⅰ♯主变 101-3 隔离开关在合闸位置；

(16) 检查Ⅰ♯主变 001 断路器在分闸位置；

(17) 合上Ⅰ♯主变 001-3 隔离开关；

(18) 检查Ⅰ♯主变 001-3 隔离开关在合闸位置；

(19) 投入Ⅰ♯主变 220kV 复合电压闭锁短接连接片；

(20) 合上Ⅰ♯主变 201 断路器；

(21) 检查Ⅰ♯主变 201 断路器在合闸位置；

(22) 解除Ⅰ♯主变 220kV 复合电压闭锁短接连接片；

(23) 拉开Ⅰ♯主变中性点 D10-2 接地开关；

(24) 检查Ⅰ♯主变中性点 D10-2 接地开关在分闸位置；

(25) 合上Ⅰ♯主变 101 断路器；

(26) 检查Ⅰ♯主变 101 断路器在合闸位置；

(27) 检查 101、102 负荷分配；

(28) 合上Ⅰ♯主变 001 断路器；

(29) 检查Ⅰ♯主变 001 断路器在合闸位置；

(30) 检查 001、002 负荷分配；

(31) 拉开 10kV 分段 016 断路器；

(32) 检查 10kV 分段 016 断路器在分闸位置；

(33) 投入 10kV 分段 016 自投出口连接片；

(34) 解除Ⅱ♯主变 10kV 复合电压闭锁过电流保护跳开分段断路器连接片；

(35) 做好记录，报调度及有关领导。

4.2.4　拓展提高

变压器投入运行时，应选择继电保护完备、励磁涌流影响较小的一侧先送电。变压器送电时，应先从电源侧充电，再送至负荷侧。当两侧或三侧均有电源时，应先从高压侧充电，再送至低压侧，并按照继电保护的要求调整变压器的中性点接地方式。本例中，正常运行时，Ⅱ♯主变中性点接地，Ⅰ♯主变中性点未接地。

任务五　变电站互感器停、送电操作

互感器是利用电磁感应原理将高电压变成低电压、大电流变成小电流的电力设备，包括电压互感器和电流互感器。其功能是将高电压或大电流按比例变换成标准低电压（100V）或标准小电流（5A 或 10A，均为额定值），以便实现测量仪表、保护设备及自动控制设备的标准化、小型化。互感器还可用来隔离高电压系统，以保证人身和设备的安全。下面介绍互感器需检修及恢复运行时的停、送电操作。

任务 5.1　10kVⅠ母线电压互感器 P01 由运行转检修

5.1.1　任务分析

（1）分析系统正常运行方式：220kV 侧采用双母线接线，且为并列运行；110kV 侧采用双母线接线，并列运行；10kV 侧采用单母线分段接线，分段运行，其中 10kVⅠ母线由Ⅰ主变供电，10kVⅡ母线由Ⅱ主变供电。

（2）需要进行的操作：由于 10kVⅠ母线电压互感器 P01 需要检修，但其所连的Ⅰ母线并不检修，因此会导致保护元件测得的电压为零；为了避免保护误动作，需要将Ⅰ♯主变 10kV 侧复合电压启动连接片解除，投入Ⅰ♯主变 10kV 侧复合电压短接连接片，同时将电容Ⅰ011 低电压保护掉闸连接片解除。同时，做好验电和挂接地线等安全措施。

5.1.2　相关知识

正常运行时：10kVⅠ母线和Ⅱ母线各自所带的电压互感器二次侧未并列。

5.1.3　任务实施

根据倒闸操作的基本原则及一般程序，通过以上任务分析，正确写出 10kVⅠ母线电压互感器 P01 由运行转检修的操作步骤，并结合《电力安全工作规程》以及各级调度规程和其他的有关规定在仿真系统中进行处理。

10kVⅠ母线电压互感器 P01 由运行转检修的操作步骤：

（1）解除Ⅰ♯主变 10kV 侧复合电压启动连接片；

（2）投入Ⅰ♯主变 10kV 侧复合电压短接连接片；

（3）解除电容Ⅰ011 低电压保护掉闸连接片；

（4）取下 10kVⅠ母线电压互感器二次熔断器；

（5）拉开 10kVⅠ母线电压互感器 P01-1 隔离开关；

（6）检查 10kVⅠ母线电压互感器 P01-1 隔离开关在分闸位置；

（7）在 10kVⅠ母线电压互感器 P01-1 隔离开关电压互感器侧验明确无电压；

（8）在 10kVⅠ母线电压互感器 P01-1 隔离开关电压互感器侧挂 1♯地线；

（9）做好记录，报调度及有关领导。

5.1.4 拓展提高

为防止反充电，母线电压互感器由运行转检修时，需先拉开所有二次侧自动空气开关，再拉开高压侧隔离开关（或熔断器）。

对于双母线或单母线分段接线方式，电压互感器二次侧未并列，其中一条母线的电压互感器检修时，操作步骤如下：

（1）停用本电压互感器所带的保护及自动装置；

（2）拉开本电压互感器的二次侧自动空气开关（或取下熔断器）；

（3）拉开高压侧隔离开关。

若二次侧能够并列时，操作如下：

（1）确认一次侧已经并列；

（2）将母差保护改为"单母方式"或"互联方式"；

（3）将母联或分段断路器改为非自动；

（4）检查电压并列装置正常之后，将其切换至"PT并列"位置；

（5）断开需停用电压互感器的所有二次侧自动空气开关（或取下熔断器）；

（6）拉开高压侧隔离开关（或取下熔断器）。

任务 5.2 10kV Ⅰ母线电压互感器 P01 由检修转运行

5.2.1 任务分析

（1）分析系统正常运行方式：10kV侧采用单母线分段接线，分段运行（016断路器断开，其自投连接片投入），其中10kVⅠ母线由Ⅰ♯主变供电，10kVⅡ母线由Ⅱ♯主变供电。

（2）需要进行的操作：由于10kVⅠ母线电压互感器P01由运行转检修时，做好了挂接地线等安全措施，同时，为了避免保护误动作，将Ⅰ♯主变10kV侧复合电压启动连接片解除，投入了Ⅰ♯主变10kV侧复合电压短接连接片，同时将电容Ⅰ011低电压保护掉闸连接片解除。在10kVⅠ母线电压互感器P01由检修转运行时，必须拆除接地线，将保护连接片恢复正常运行状态。

5.2.2 相关知识

正常运行时，10kVⅠ母线和Ⅱ母线各自所带的电压互感器二次侧未并列。

5.2.3 任务实施

根据倒闸操作的基本原则及一般程序，通过以上任务分析，正确写出10kVⅠ母线电压互感器P01由检修转运行的操作，并结合《电力安全工作规程》以及各级调度规程和其他的有关规定在仿真系统中进行处理。

10kVⅠ母线电压互感器P01由检修转运行的操作步骤：

（1）拆除10kVⅠ母线电压互感器P01-1隔离开关电压互感器侧1♯地线；

（2）检查10kVⅠ母线电压互感器P01-1隔离开关电压互感器侧地线已拆除；

（3）合上10kVⅠ母线电压互感器P01-1隔离开关；

（4）检查10kVⅠ母线电压互感器P01-1隔离开关在合闸位置；

（5）装上10kVⅠ母线电压互感器二次熔断器；

（6）检查10kVⅠ母线电压正常；

（7）投入电容Ⅰ011低电压保护掉闸连接片；

（8）解除Ⅰ♯变10kV侧复合电压短接连接片；

（9）投入Ⅰ♯变10kV侧复合电压启动连接片；

（10）做好记录，报调度及有关领导。

5.2.4　拓展提高

为防止反充电，母线电压互感器由检修转运行时，需先合上高压侧隔离开关（或熔断器），再合上该电压互感器所有二次侧自动空气开关（或熔断器）。

任务六　变电站补偿装置停、送电操作

变电站无功补偿装置主要是电容器。电网通过无功补偿装置的投、退可以实现无功功率的动态平衡和电压的调整与控制。下面介绍电容器需检修及恢复运行时的停、送电操作。

任务6.1　电容Ⅰ011断路器及电容器组由运行转检修

6.1.1　任务分析

（1）分析系统正常运行方式：10kVⅠ母线、Ⅱ母线上均有并联补偿装置。补偿装置为电容器组与电抗器的串联。其中电容器组为星形接线。

（2）需要进行的操作：由于电容Ⅰ011断路器及电容器组需要检修，故决定了本次操作的任务包含两个部分，一部分是011断路器的检修，另一部分是电容器组的检修。

6.1.2　相关知识

（1）断路器检修时，需要将断路器两侧的隔离开关拉开，形成明显的断开点。

（2）电容器组检修时，由于电容器组采用的是星形接线，故接地点可选在中性点，挂一个地线即可。

6.1.3　任务实施

根据倒闸操作的基本原则及一般程序，通过以上任务分析，正确写出电容Ⅰ011断路器及电容器组由运行转检修的操作步骤，并结合《电力安全工作规程》以及各级调度规程和其他的有关规定在仿真系统中进行处理。

电容Ⅰ011断路器及电容器组由运行转检修的操作步骤：

（1）拉开电容Ⅰ011断路器；

（2）检查电容Ⅰ011断路器在分闸位置；

（3）拉开电容Ⅰ011-3隔离开关；

（4）检查电容Ⅰ011-3隔离开关在分闸位置；

（5）拉开电容Ⅰ011-1隔离开关；

（6）检查电容Ⅰ011-1隔离开关在分闸位置；

（7）在电容Ⅰ011-1隔离开关断路器侧验明确无电压；

（8）在电容Ⅰ011-1隔离开关断路器侧挂1♯地线；

（9）在电容Ⅰ011-3隔离开关断路器侧验明确无电压；

（10）在电容Ⅰ011-3隔离开关断路器侧挂2♯地线；

（11）在电容Ⅰ011-3 隔离开关电容器侧验明确无电压；

（12）在电容Ⅰ011-3 隔离开关电容器侧挂 3♯地线；

（13）在电容Ⅰ组中性点验明确无电压；

（14）在电容Ⅰ组中性点挂 4♯地线；

（15）取下电容Ⅰ011 断路器控制熔断器；

（16）取下电容Ⅰ011 断路器主合闸熔断器；

（17）做好记录，报调度及有关领导。

6.1.4　拓展提高

电容器停电时，应经放电线圈充分放电后才可合接地开关，一般放电时间不少于 5min。

任务6.2　电容Ⅰ011电容器组由检修转运行

6.2.1　任务分析

（1）分析系统正常运行方式：10kV Ⅰ母线、Ⅱ母线上均有并联补偿装置。补偿装置为电容器组与电抗器的串联。其中电容器组为星形接线。

（2）需要进行的操作：电容器组由运行转检修时，断路器 011 已拉开，011-3 隔离开关也已拉开，在电容器组的两侧即 011-3、中性点接了地线，故转运行时，需要先将电容器组两侧的地线拆除，然后合上 011-3 隔离开关和 011 断路器。

6.2.2　相关知识

电容器组为星形接线，检修时将电容器组中性点接地。

6.2.3　任务实施

根据倒闸操作的基本原则及一般程序，通过以上任务分析，正确写出电容Ⅰ011 电容器组由检修转运行的操作步骤，并结合《电力安全工作规程》以及各级调度规程和其他的有关规定在仿真系统中进行处理。

电容Ⅰ011 电容器组由检修转运行的操作步骤：

（1）拆除电容Ⅰ组中性点 2♯地线；

（2）检查电容Ⅰ组中性点地线已拆除；

（3）拆除电容Ⅰ011-3 隔离开关电容器侧 1♯地线；

（4）检查电容Ⅰ011-3 隔离开关电容器侧地线已拆除；

（5）检查电容Ⅰ011 断路器在分闸位置；

（6）合上电容Ⅰ011-3 隔离开关；

（7）检查电容Ⅰ011-3 隔离开关在合闸位置；

（8）合上电容Ⅰ011 断路器；

（9）检查电容Ⅰ011 断路器在合闸位置；

（10）做好记录，报调度及有关领导。

6.2.4　拓展提高

电容器送电操作中，如果断路器没有合好，应立即断开断路器，间隔 3min 后，再将电容器投入运行，以防出现操作过电压。

不能对空母线进行投送电容器操作，以防出现工频过电压。

任务七　变电站站用电、直流系统停送电操作

变电站站用系统主要是为站内的一、二次设备提供电源，是保证变电站安全、可靠输送电能的一个必不可少的重要环节。站用电系统主要包括站用变压器、400V交流电源屏、馈线及用电元件等。变压站直流系统主要包括直流电源装置、直流配电装置、控制和监测装置等，在正常及事故状态下为直流负荷提供可靠的直流操作电源。下面介绍变电站站用电、直流系统需检修及恢复运行时的停、送电操作。

任务7.1　变电站Ⅰ#站用变由运行转检修

7.1.1　任务分析

（1）分析系统正常运行方式：10kV侧为单母线分段运行方式，Ⅰ母线、Ⅱ母线分列运行。Ⅰ#站用变通过015断路器与10kVⅠ母线相连，低压侧通过381断路器与低压Ⅰ母线相连；Ⅱ#站用变通过021断路器与10kVⅡ母线相连，低压侧通过382断路器与低压Ⅱ母线相连。低压Ⅰ母线、Ⅱ母线通过分段断路器312实现分列运行（即低压分段断路器312为断开状态）。

（2）需要进行的操作：由于Ⅰ#站用变需要检修，故其原来所带的所有负荷将转由Ⅱ#站用变供电，需要实现低压Ⅰ母线、Ⅱ母线的并列运行。故需要操作的断路器有015、381断路器，以及分段断路器312。

7.1.2　相关知识

（1）两台站用变压器均运行时，可以并列运行的条件为：

1）两台变压器满足并列运行的条件；

2）高压侧并列运行或高压侧所接电源为同一个电源。

以上两个条件必须同时满足，若其中任何一个条件不满足，则会在两台并列运行的变压器的低压侧出现环流，严重时甚至出现短路情况，危及变压器的安全运行。

（2）若两台站用变压器不能满足并列运行条件，则在一台变压器由运行转检修之间，必须先将其二次侧站用低压母线断开，然后和另一条低压母线并列运行，方可将站用变压器从10kV母线上断开。

7.1.3　任务实施

根据倒闸操作的基本原则及一般程序，通过以上任务分析，正确写出Ⅰ#站用变由运行转检修的操作步骤，并结合《电力安全工作规程》以及各级调度规程和其他的有关规定在仿真系统中进行处理。

Ⅰ#站用变由运行转检修的操作步骤：

（1）拉开Ⅰ#站用变低压381断路器；

（2）检查Ⅰ#站用变低压381断路器在分闸位置；

（3）拉开Ⅰ#站用变381-1隔离开关；

（4）检查Ⅰ#站用变381-1隔离开关在分闸位置；

（5）合上低压侧分段312断路器；

（6）检查低压侧分段312断路器在合闸位置；

（7）检查所用低压Ⅰ母线电压指示；

（8）拉开Ⅰ#站用变015断路器；

（9）检查Ⅰ#站用变015断路器在分闸位置；

（10）拉开Ⅰ#站用变015-3隔离开关；

（11）检查Ⅰ#站用变015-3隔离开关在分闸位置；

（12）在Ⅰ#站用变015-3隔离开关站用变侧验明确无电压；

（13）在Ⅰ#站用变015-3隔离开关站用变侧挂1#地线；

（14）在Ⅰ#站用变低压381断路器站用变侧验明确无电压；

（15）在Ⅰ#站用变低压381断路器站用变侧挂2#地线；

（16）做好记录，报调度及有关领导。

7.1.4 拓展提高

若站用变压器有外来电源时，其和采用站内电源的站用变压器由于电源的相位不可能相同，故不能并列运行。

采用停电倒负荷方式的站用变压器停电后，应检查相应站用电屏上的电压表无指示，然后才能合上另一台站用变压器的低压侧母联断路器，实现低压单母线运行方式。

任务7.2　变电站Ⅰ#站用变由检修转运行

7.2.1 任务分析

（1）分析系统当前运行方式：Ⅰ#站用变处于检修状态，原Ⅰ#站用变所带负荷转由Ⅱ母线供电。低压母线分段断路器312为闭合状态。

（2）需要进行的操作：Ⅰ#站用变由运行转检修时，断路器015、381被拉开，312隔离开关合上，低压Ⅰ母线和低压Ⅱ母线并列运行。故Ⅰ#站用变转运行时，需要先将低压Ⅰ母线的负荷转移至Ⅰ#站用变，低压Ⅰ母线和低压Ⅱ母线分列运行。故需要操作312断路器实现分列运行，然后将015和381闭合，实现Ⅰ#站用变由检修转运行。

7.2.2 相关知识

对变压器送电时，应先合电源侧断路器，再合负荷侧断路器。

7.2.3 任务实施

根据倒闸操作的基本原则及一般程序，通过以上任务分析，正确写出Ⅰ#站用变由检修转运行的操作步骤，并结合《电力安全工作规程》以及各级调度规程和其他的有关规定在仿真系统中进行处理。

Ⅰ#站用变由检修转运行的操作步骤：

（1）拆除Ⅰ#站用变低压381断路器站用变侧2#地线；

（2）检查Ⅰ#站用变低压381断路器站用变侧地线已拆除；

（3）拆除Ⅰ#站用变015-3隔离开关站用变侧1#地线；

（4）检查Ⅰ#站用变015-3隔离开关站用变侧地线已拆除；

（5）检查Ⅰ#站用变015断路器在分闸位置；

（6）合上Ⅰ#站用变015-3隔离开关；

（7）检查Ⅰ#站用变015-3隔离开关在合闸位置；

（8）检查Ⅰ#站用变低压381断路器在分闸位置；

（9）合上Ⅰ♯站用变381-1隔离开关；

（10）检查Ⅰ♯站用变381-1隔离开关在合闸位置；

（11）合上Ⅰ♯站用变015断路器；

（12）检查Ⅰ♯站用变015断路器在合闸位置；

（13）拉开低压侧分段312断路器；

（14）检查低压侧分段312断路器在分闸位置；

（15）合上Ⅰ♯站用变低压381断路器；

（16）检查Ⅰ♯站用变低压381断路器在合闸位置；

（17）检查站用低压Ⅰ母线电压指示；

（18）做好记录，报调度及有关领导。

7.2.4 拓展提高

拉开站用变压器高压侧断路器时，应先拉开中相，再拉开边相。合断路器时，应先合边相，再合中相。

任务7.3 1♯高频开关充电装置和1♯蓄电池组由运行转检修

7.3.1 任务分析

（1）分析系统正常运行方式：站用直流为单母线分段运行方式。分段断路器为1DK，为自动断路器，且处于断开状态。

（2）需要进行的操作：由于1♯高频开关充电装置和1♯蓄电池组需要检修，故其原来所带的所有直流负荷将转由Ⅱ段母线供电，需要实现Ⅰ母线、Ⅱ母线的并列运行。故需要操作的断路器有1ZKK、1ZKK-1、1ZKK-2、1ZKK-3及分段断路器1DK。

7.3.2 相关知识

（1）站用直流系统配置了两组高频开关充电装置（由若干个整流模块组成）和蓄电池组，采用单母线分段方式运行。

（2）母联断路器为自动断路器。当其位置置于"自动"时，当任一一组高频开关充电装置故障导致其中一段母线失去交流电源时，该断路器自动合闸，将两段母线并列运行。若其位置置于"手动"时，则需要手动合闸，方能将两段母线并列运行。本次操作中置于"自动"位置。

（3）取下直流控制电源的熔断器时，应先取正极，后取负极。以防产生寄生回路，使继电保护及自动装置误动作。装、放熔断器时，应干脆迅速，不得连续地接通和断开，以防损坏继电保护及自动装置。

7.3.3 任务实施

根据倒闸操作的基本原则及一般程序，通过以上任务分析，正确写出1♯高频开关充电装置和1♯蓄电池组由运行转检修的操作步骤，并结合《电力安全工作规程》以及各级调度规程和其他的有关规定在仿真系统中进行处理。

1♯高频开关充电装置和1♯蓄电池组由运行转检修的操作步骤：

（1）检查站用直流屏上Ⅰ、Ⅱ段母线电压差小于5％；

（2）拉开站用直流屏上1♯高频开关充电装置"整流模块1"交流电源开关1ZKK-1；

（3）拉开站用直流屏上1♯高频开关充电装置"整流模块2"交流电源开关1ZKK-2；

（4）拉开站用直流屏上 1♯ 高频开关充电装置"整流模块 3"交流电源开关 1ZKK-3；

（5）拉开站用直流屏上 1♯ 高频开关充电装置交流电源自动空气开关 1ZKK；

（6）检查站用直流屏上 1♯ 高频开关充电装置输出电压指示为零；

（7）检查站用直流屏上Ⅰ、Ⅱ段母线联络断路器 1DK 已自动合上；

（8）取下站用直流屏上 1♯ 蓄电池组熔断器 1FU、2FU；

（9）检查站用直流屏上Ⅰ段母线电压显示正常；

（10）做好记录，汇报调度及有关领导。

7.3.4 拓展提高

直流母线不允许只带高频开关充电装置运行，以免突然失电或装置故障造成直流母线停电事故；直流母线也不允许长期只带蓄电池组运行，以免造成蓄电池长期供负载电流而过放电。

运行中的继电保护装置需停用直流电源时，应先停用保护出口连接片，再停用直流电源。恢复时，投入直流电源后，应先检查整个继电保护及自动装置运行是否正常，并使用高内阻电压表测量出口连接片对地无异极性电压后，方可投入出口连接片。

任务 7.4　1♯ 高频开关充电装置和 1♯ 蓄电池组由检修转运行

7.4.1 任务分析

（1）分析系统当前运行方式：1♯ 高频开关充电装置和 1♯ 蓄电池组处于检修状态，原Ⅰ段母线所有直流负荷转由Ⅱ段母线供电。低压母线分段断路器 1DK 处于合闸位置。

（2）需要进行的操作：1♯ 高频开关充电装置和 1♯ 蓄电池组由运行转检修时，开关 1ZKK、1ZKK-1、1ZKK-2、1ZKK-3 被拉开，1FU、2FU 被取下，1DK 断路器合上，直流Ⅰ母线和直流Ⅱ母线并列运行。故转运行时，需要利用整流模块先将直流Ⅰ母线充电，然后将直流Ⅰ母线和直流Ⅱ母线分列运行。

7.4.2 相关知识

（1）母联断路器为自动分、合闸断路器。其切换方式置于"自动"位置，Ⅰ、Ⅱ段母线处于并列运行状态。当Ⅰ段母线恢复正常运行以后，母联断路器会自动断开。

（2）放上直流控制电源熔断器时，应先放负极，再放正极。装、放熔断器时，应干脆迅速，不得连续地接通和断开，以防损坏继电保护及自动装置。

7.4.3 任务实施

根据倒闸操作的基本原则及一般程序，通过以上任务分析，正确写出 1♯ 高频开关充电装置和 1♯ 蓄电池组由检修转运行的操作步骤，并结合《电力安全工作规程》以及各级调度规程和其他的有关规定在仿真系统中进行处理。

1♯ 高频开关充电装置和 1♯ 蓄电池组由检修转运行的操作步骤：

（1）装上站用直流屏上 1♯ 蓄电池组熔断器 2FU、1FU；

（2）检查站用直流屏上Ⅰ段母线电压显示正常；

（3）合上站用直流屏上 1♯ 高频开关充电装置交流电源自动空气开关 1ZKK；

（4）合上站用直流屏上 1♯ 高频开关充电装置"整流模块 1"交流电源开关 1ZKK-1；

（5）合上站用直流屏上 1♯ 高频开关充电装置"整流模块 2"交流电源开关 1ZKK-2；

（6）合上站用直流屏上 1♯ 高频开关充电装置"整流模块 3"交流电源开关 1ZKK-3；

（7）检查站用直流屏上1♯高频开关充电装置输出电压正常；

（8）检查站用直流屏上Ⅰ、Ⅱ段母线联络断路器1DK已自动断开；

（9）检查站用直流屏上Ⅰ段母线电压显示正常；

（10）做好记录、汇报调度及有关领导。

7.4.4　拓展提高

运行中的直流Ⅰ、Ⅱ段母线，如因直流系统工作而需要将负荷转移时，可以利用母联断路器实现短时间并列。并列的前提是：分段母线的电压值近似（电压差小于5％）、极性相同，且绝缘良好，无接地现象。工作完毕后应立即恢复正常运行。

项目四　变电站电气设备异常处理

变电站电气设备在运行中常常会发生各种异常现象或事故。正确及时地处理，能够将损失降到最低程度。变电站电气设备异常处理是变电站运行值班人员一项重要的基本职责和技能。

任务一　变电站一次设备异常处理

变电站一次设备在运行中，经常会发生各种类型的异常现象或事故，如主变压器在运行中过负荷、漏油，断路器运行中发出闭锁信号等。变电站一次设备异常处理主要介绍变压器、断路器、隔离开关、母线、电容器、防雷设备、互感器等主要设备异常处理。

任务1.1　变压器异常处理

1.1.1　任务分析

在掌握变压器的基本结构原理，主要辅助设备部件的运行原理和运行要求的基础上，能正确分析掌握无人值班变电站变压器各类典型异常的处理步骤并对变压器各类典型异常进行处理。

1.1.2　相关知识

（1）变压器的正常运行规定。

1）在正常情况下，变压器不允许超过铭牌的额定值运行。

2）变压器在全部冷却设备正常投入时，可以在额定负荷下长期运行。

（2）变压器的冷却装置。

1）变压器采用强油导向风冷式冷却系统，其冷却装置由冷却器本体、变压器油泵、变压器风扇、油流继电器、蝶阀、分控制箱组成，冷却控制系统包括冷却器控制系统和动力电源控制系统两部分。

2）每台冷却器的运行状态有工作、辅助、备用、停止四种，在运行前应根据具体情况确定每台冷却器的运行状态，确定后，应将每台冷却器在总控制箱中转换手柄转到所标志的位置。

1.1.3　任务实施

（1）变压器发生异常运行和事故时，值班员应当按下列步骤进行处理。

1）立即向当值调度汇报。

2）详细记录异常或事故发生的时间，光字牌显示的信号，继电器动作情况和电流、电压以及远方温度数据。在作好详细记录并待到值班长许可之前，暂不要复归各种信号。

3）根据信号和初步判断结果，立即到现场对设备进行检查，记录当时的温度和油位指示，根据现场检查结果进一步分析判断事故的性质。

4）将检查结果向当值调度员详细汇报并向有关领导作汇报。

5）在值班长的指挥下，按调度员的命令进行处理。

（2）当变压器着火时，运行人员应立即跳开主变三侧断路器及切断辅助设备电源，将着火设备退出运行，并组织进行灭火。

（3）当变压器继电保护动作跳闸时，应迅速对设备进行认真巡视检查。及时汇报，在未查明原因前，不得将其投入运行。

（4）若变压器冷却器发生故障退出运行时，运行人员应立即汇报调度并查明原因，尽快恢复冷却器运行。若暂时不能恢复时，应立即向调度汇报，并加强对变压器的监视，特别是油温和负荷参数，当超过运行规定的要求时，运行人员应向调度报告，按调度命令将变压器退出运行。

（5）变压器出现异常时，运行人员应加强对设备的巡视和监视。同时向调度汇报，若变压器异常跳闸或告警时，运行人员除了从告警信号掌握情况外，应从变压器相应的保护柜内根据信号继电器上掉牌情况了解具体是哪相设备故障。

1.1.4　拓展提高

变压器发生下列情况之一应立即汇报调度，并按调度命令将设备退出运行。

（1）变压器内部有严重的异常声响。

（2）压力释放装置动作或向外喷油。

（3）变压器本体严重漏油且油位下降并低于油位指示器的最低指示限度（无法判断油位）。

（4）在正常情况下，油温异常升高。

（5）变压器过负荷运行超过 1.6 倍，而保护未动作。

（6）套管严重破损而不能继续运行。

任务 1.2　断路器异常处理

1.2.1　任务分析

在掌握断路器的基本结构原理、主要设备部件和操动机构运行原理和运行要求的基础上，能正确分析掌握无人值班变电站各类型操作介质 220、110、10kV 断路器典型异常的处理步骤并进行异常处理。

1.2.2　相关知识

断路器运行基本知识。

1）断路器投运前，应检查接地线是否全部拆除或接地开关是否拉开，防误闭锁装置是否正常。

2）操作前应检查控制回路和辅助回路的电源，检查机构已储能。

3）SF_6 断路器气体压力在规定的范围内。各种信号正确、表计指示正常。

4）长期停运超过 6 个月的断路器，在正式执行操作前应通过远方控制方式进行试操作 2~3 次，无异常后方能按操作票拟定的方式操作。

5）操作前，检查相应隔离开关和断路器的位置。应确认继电保护已按规定投入。

6）若需操作控制把手时，不能用力过猛，以防损坏控制开关。用控制把手操作断路器合闸时不能返回太快，以防时间短断路器来不及合闸。操作中应同时监视有关电压、电流、功率等表计的指示及监控系统中断路器红、绿灯位置指示的变化。

7）断路器（分）合闸动作后，应到现场确认本体和机构（分）合闸指示器以及拐臂、传动杆位置，保证断路器确已正确（分）合闸；同时检查断路器本体有无异常。

8）当断路器机构或 SF₆ 发出闭锁信号时，严禁进行断路器的分、合闸操作。

9）当断路器液压机构发出零压闭锁信号时，严禁进行手动打压操作。

1.2.3　任务实施

（1）220kV 系统 LW10B-252 SF₆ 断路器的异常运行处理。

1）运行中的断路器有下列情况之一者，应立即向调度汇报并申请将断路器退出运行。

a）液压操作系统油压不符合规定（已降至操作闭锁值）。

b）套管有严重破损和放电现象。

c）SF₆ 气室严重漏气发出操作闭锁信号。

d）引线接头严重发红或烧断。

2）液压操动机构油压不符合规定时，值班员的处理步骤。

a）立即到现场检查断路器机构的压力值及液压系统是否异常。

b）检查油泵电源开关是否跳闸或熔断，合上油泵电源开关（更换熔断器）后，启动油泵打压使压力上升至正常工作压力。如合上油泵电源开关（更换熔断器）后，再次跳闸（熔断）说明回路有短路故障应查明短路原因，此时应立即汇报调度，并通知维修单位进行处理。

c）压力确降至"重合闸闭锁值"且不能打压使压力恢复正常时，应立即向调度汇报申请退出重合闸装置，并通知维修单位进行处理。

d）压力确降至"合闸闭锁值"且不能打压使压力恢复正常时，应立即向调度汇报申请退出该断路器运行，并通知维修单位进行处理。

e）压力确降至"总闭锁值"且又不能打压使压力恢复正常值时，应立即拉开该断路器的 220V 直流控制电源或将控制选择开关切至"就地"使之变为死断路器，并立即汇报调度申请将该断路器退出运行，并通知维修单位进行处理。

f）压力降至零时，禁止启动油泵打压，应立即汇报调度申请停电处理，并采取必要的措施，通知维修单位进行处理。

3）SF₆ 气体压力降低。

a）当断路器 SF₆ 气体压力降低报警时，应立即到现场检查 SF₆ 气体压力值，加强监视，并及时汇报调度，通知维修单位进行处理。

b）当 SF₆ 气体渗漏严重，压力下降较快且接近或降至闭锁值时，应向调度汇报申请停电处理；SF₆ 气体压力低于闭锁值时，不得进行该断路器的操作。

c）当 SF₆ 气体压力降至分、合闸闭锁值告警时，应立即到现场检查 SF₆ 气体压力，如压力确降至闭锁值，应立即将该断路器控制电源快分开关（Ⅰ组直流电源开关、Ⅱ组直流电源开关）拉开，将 A 相操动机构箱内"远/近"控切换开关切至"就地"位置，使该断路器变为死断路器，并汇报调度申请停电处理，通知维修单位及时处理。

4）断路器拒绝分、合闸检查及处理。

a）拒绝分、合闸应检查以下项目：

操作是否正确得当；操作电源是否合上；压力是否正常，是否发闭锁信号；断路器机构本身是否有故障；监控系统是否正常。

b）拒绝合闸处理：断路器合于故障线路，保护动作跳闸，禁止再次合断路器，应立即汇报调度，听候处理；操作是否不当，操作程序是否正确；检查控制电源是否合上，机构箱内控制选择开关位置是否正确，压力是否闭锁（包括操作动力介质的压力和灭弧室绝缘气体 SF_6 的压力）；若属断路器机构本身存在故障或二次回路故障，应立即汇报调度并通知维修单位来人进行处理。

c）拒绝分闸处理：操作是否不当，操作程序是否不正确；检查操作电源是否合上，压力是否闭锁（包括操作动力介质的压力和灭弧室绝缘气体 SF_6 的压力）；运行中的越级跳闸（故障线路开关未跳开），应设法在无电压的情况下用隔离开关将故障断路器退出；操作运行中的断路器，由于机构或二次回路故障等，拒分时，应立即汇报调度，用母联断路器将故障断路器串联后，再用母联断路器拉故障断路器的电源，将故障断路器退出运行（发生拒动的断路器应保持原状，以便于分析查找问题）。

5）油泵打压异常的处理。

a）当液压油压力降至 30.5MPa，并持续延时 3min 后，将发油泵打压故障信号，此时，运行人员的处理方法如下。

i）值班员应到现场检查油泵工作情况，有无异常；液压油压力是否正常。

ii）检查油泵电机是否有卡阻或烧坏。

iii）检查油泵电源开关是否跳闸，跳闸后试合一次，油泵工作是否恢复正常。

iv）若无法恢复，应立即汇报调度，并通知维修单位进行处理。

b）当油泵出现打压频繁时（油泵每次打压间隔时间小于 1h），值班员应对机构进行外观检查，并加强监视，通知维修单位进行处理。

c）当油泵打压超过安全阀动作值仍不停，值班员应拉开油泵电源开关，再合上油泵电源开关，看油泵是否再启动，如果油泵再次启动，则应拉开油泵电源开关，加强压力监视，汇报调度，并通知维修单位进行处理。

（2）110kV 系统 LW35-126W SF_6 断路器的异常运行处理。

1）由于弹簧机构只有当它已处在储能状态后才能合闸操作，因此必须将合闸控制回路经弹簧储能位置开关触点进行连接。弹簧未储能或正在储能过程中均不能合闸操作，并且会发出相应的信号。

2）运行中，一旦发出"弹簧未储能"的信号，就说明该断路器不具备一次快速自动重合闸的能力，应立即现场检查弹簧操动机构是否储能，是否属误发信号，如属误发信号，试复归信号一次。

3）如弹簧操动机构实属未储能，检查储能电源快分开关是否跳闸，如跳闸，检查设备无异常后现场合上储能电源快分开关，检查电机是否能正常启动。

4）当断路器电动储能系统发生故障时，手动储能前应将储能方式把手切至手动位置，并将电机电源快分开关拉开。

5）出现以上情况，在现场值班人员无法自行处理的情况下，应向相应调度值班员汇报，并通知设备检修维护单位进行处理。

1.2.4 拓展提高

断路器非全相运行异常处理的方法如下。

（1）一旦断路器非全相运行，运行人员应立即处理，避免事故扩大。

（2）对于 220kV 电压等级分相操作的断路器，不允许非全相运行。开关发生非全相运行，根据断路器在运行中出现的非全相运行情况，分别采取如下措施。

1）单相跳闸，值班人员应立即合上跳闸相，若该相合不上时，立即拉开其余相。

2）两相跳闸，应立即拉开未跳闸相。

3）非全相运行断路器无法拉开时，应立即将该断路器的潮流降至最小，并尽快采取措施隔离故障断路器。正常合闸操作中，断路器两相合上，一相未合上，应立即拉开已合上相，再重合一次；仍不成功，应立即将合上的两相拉开，并拉开断路器的控制电源快分开关（Ⅰ组直流电源开关、Ⅱ组直流电源开关），汇报调度，通知维修单位进行处理；

（3）正常分闸操作中，两相断路器断开，一相未拉开，应立即断开断路器的控制电源快分开关（Ⅰ组直流电源开关、Ⅱ组直流电源开关），到现场检查开关位置，确定无异常后，手动拉开拒分相断路器。

（4）运行中，断路器"偷跳"或人员误碰，以及线路瞬时故障，重合闸动作，断路器拒动，造成两相运行，一相断开，此时且无其他异常情况，应立即合上该断路器，以防事故扩大。

任务 1.3 隔离开关异常处理

1.3.1 任务分析

在掌握隔离开关的基本工作原理、操作规定、操作范围和运行要求的基础上，能正确分析掌握无人值班变电站各种类型隔离开关典型异常的处理步骤并进行异常处理。

1.3.2 相关知识

（1）正常情况下，隔离开关不允许超过额定参数运行。

（2）正常运行或备用状态时，端子箱内隔离开关的动力操作电源小开关应在合上位置，操动机构箱内电源开关应在合上位置，保证其电源完好。

1.3.3 任务实施

（1）隔离开关及接地开关分、合闸操作失灵检查项目。

1）操作电源回路是否良好。

2）操作是否恰当，条件是否满足，闭锁回路是否正常。

3）热耦继电器动作后是否未复归。

4）操作回路有无断线或端子松动。

5）接触器或电动机是否故障。

6）隔离开关与接地开关之间的机械闭锁是否未解除。

7）机械传动部分的各元件有无明显的松脱、损坏、卡阻和变形等现象。

8）动、静触头是否变形阻卡。

（2）当遥控电气操作失灵时，可在现场就地进行电动或手动操作隔离开关，但必须严格核实防误闭锁条件和采取相应的技术措施，确认无误，并汇报领导批准后方可进行操作。

（3）在操作中，当隔离开关发生机械故障时，运行人员应根据隔离开关的起弧情况将隔离开关尽可能恢复到操作前运行状态，并通知维修单位尽快进行处理。

1.3.4 拓展提高

隔离开关发生下列情况应申请退出运行处理。

（1）当隔离开关严重不同期或合不平（直），拉开再次合上（最好采用远方操作的方式）后，三相确实无法同时合上或合不平（直）时。

（2）当触头过热时，需立即向调度汇报，并加强对设备监视。

任务 1.4 母线异常处理

1.4.1 任务分析

在掌握变电站母线的基本结构及主要作用的基础上，能正确分析掌握无人值班变电站母线异常的处理步骤并进行异常处理。

1.4.2 相关知识

（1）母线的主要作用是汇集电能，然后将电能分配给各线路所带负荷。

（2）母线常见异常运行有母线、导线的电气连接部分严重过热、发红等。

1.4.3 任务实施

母线异常运行处理：母线、导线的电气连接部分严重过热、发红，应立即汇报调度，并根据发热地点不同采用不同的运行方式，断开或减轻故障点的负荷电流。

1.4.4 拓展提高

（1）母线和导线的负荷电流不能超过额定值运行。

（2）220kV 应尽量避免或缩短单母线运行方式。

任务 1.5 电容器异常处理

1.5.1 任务分析

在掌握电容器的运行原理和运行要求的基础上，能正确分析掌握无人值班变电站电容器各类型典型异常的处理步骤并进行异常处理。

1.5.2 相关知识

（1）并联电容器作用：并联电容器是改变功率分布调压方式中的一种，并联电容器主要用于提高功率因数，降低线损。

（2）对于电容器，其投切时的暂态过程比较严重，为限制投入时产生的涌流，在电容器前面串联一个电抗较小的电抗器，同时，此电抗器与电容器组成串联谐振滤波器，以消除系统铁磁谐振。

1.5.3 任务实施

（1）处理电容器故障时的注意事项。

1）电容器组断路器跳闸后，不允许强送电。过电流保护动作跳闸应查明原因，否则不允许再投入运行。

2）在检查处理电容器故障前，应先拉开断路器及隔离开关，然后验电装设接地线。

（2）电容器常见故障的处理见表 4-1。

表 4-1 电容器常见故障处理

故障现象	产 生 原 因	处 理 方 法
外壳鼓肚变形	（1）介质内产生局部放电，使介质分解而析出气体； （2）部分元件击穿或极对外壳击穿，使介质析出气体	立即将其退出运行

续表

故障现象	产 生 原 因	处 理 方 法
温度过高	（1）环境温度过高，电容器布置过密； （2）高次谐波电流影响； （3）频繁切合电容器，反复受过电压及涌流作用； （4）介质老化，tgδ 不断增大	（1）改善通风条件，增大电容器间隙； （2）加装串联电抗器； （3）采取措施，限制操作过电压及涌流； （4）停止使用及时更换
爆炸着火	内部发生极间或机壳间击穿而又无适当保护时，与之并联的电容器组对它放电，因能量大爆炸着火	（1）立即断开电源； （2）用沙子或干式灭火器灭火

（3）电容器爆炸着火处理步骤。

1）立即断开电源。

2）用灭火器灭火。

3）根据火情控制情况及时报火警、汇报上级及有关设备检修维护单位。

1.5.4　拓展提高

电容器发生下列情况之一应立即退出运行并报告调度值班员。

（1）全站及 10kV 母线失压。

（2）鼓肚、漏油或起火。

（3）集合式电容器严重漏油、鼓肚，或油标看不见油位。

（4）电容器压力释放阀动作时。

（5）套管放电闪络。

（6）接头严重过热或熔化。

（7）母线电压持续超过其额定值的 1.1 倍，或电流超过其额定值的 1.3 倍。

（8）当电容器外壳温度超过 55℃，或室温超过 40℃时，采取降温措施无效时。

任务 1.6　防雷设备异常处理

1.6.1　任务分析

在掌握变电站防雷设备的基本结构的基础上，能正确分析掌握无人值班变电站防雷设备各类型典型异常的处理步骤并进行异常处理。

1.6.2　相关知识

变电站防雷保护：采用避雷针方式防直击雷，型式有构架避雷针和独立避雷针。

1.6.3　任务实施

（1）发现避雷器瓷套有明显裂纹，可能有进水受潮时，应立即向相应的当值调度员汇报申请退出故障避雷器，并向站领导及主管部门汇报。

（2）发现避雷器法兰等处有轻微裂纹，且无明显受潮现象时，应汇报上级领导及主管部门。

（3）避雷器爆炸，尚未造成接地短路时，应立即向调度申请停电，更换或退出故障避雷器。

1.6.4　拓展提高

雷雨天气不得靠近避雷针和避雷器。

任务 1.7　互感器异常处理

1.7.1　任务分析

在掌握互感器的基本结构原理、运行操作规定和正常运行要求的基础上，能正确分析掌握无人值班变电站互感器各类典型异常的处理步骤并进行异常处理。

1.7.2　相关知识

（1）电压互感器的运行规定。

1）电压互感器（TV）二次侧回路在运行中严禁短路。当发生短路时，TV 二次侧电源快分开关自动跳闸。

2）当电压互感器二次回路异常时（断线或失压），运行人员应立即向调度申请退出与 TV 有关的继电保护和自动装置（有可能误动的电压、距离、纵联保护），并尽快将电压互感器二次回路恢复正常，投入相应保护。

（2）电流互感器的运行规定。

1）运行中的电流互感器严禁二次回路开路；

2）新安装的电流互感器或其二次回路有变更时，保护验收必须核对二次接线的正确性，带负荷检查正确后方可投入保护；

3）电流互感器二次绕组不允许多点接地，必须单点永久可靠接地。

1.7.3　任务实施

（1）电压互感器的异常运行和事故处理。

1）电压互感器 TV 二次侧电源快分开关跳闸的故障处理：当电压互感器 TV 二次侧电源快分开关跳闸，应特别注意该回路的保护装置动作信号情况，必要时，应立即向调度申请退出有可能误动的保护，并查明二次回路是否短路或故障，经处理后再合上 TV 二次侧电源快分开关，投入有关的保护。

2）如果电压互感器的异常运行和事故是测量和计量回路引起，运行人员应记录其故障的起止时间，以便估算电量的漏计，并汇报调度和维修单位。

3）交流电压二次回路断线的处理：交流电压二次回路断线时，相应的继电保护和自动装置会发出告警信号（如保护装置故障信号），运行人员应立即进行检查，并采取如下必要的处理措施：申请退出有关的保护；检查有无明显的故障点；告维修单位派人进行查找处理；故障处理完毕后，应申请投入有关的保护。

4）电压互感器着火时，应断开一、二次侧电源，采取必要的安全措施后，方能进行灭火。

（2）电流互感器异常运行和事故处理。

电流互感器二次回路开路故障现象和处理。

1）现象：电流互感器（TA）二次回路开路时，互感器本体发出嗡嗡声，开路处有放电火花；测量回路：有功、无功表计指示不正常，指示降低或无指示，电流指示、电能表计量正常；保护回路：由负序、零序电流启动的继电保护和自动装置频繁启动。（如相差高频保护、距离保护或故障录波器等）。

2) 处理：立即汇报相应的当值调度员，站长或专责工程师，退出可能误动的保护；当电流互感器二次回路开路时，应尽快查明开路点，设法将开路点短接，在处理过程中应按《电业安全工作规程》的有关规定，防止触电事故发生，如不能自行处理时，应向调度申请停电处理。

1.7.4　拓展提高

（1）电压互感器出现下列情况应立即申请停电处理。

1) 电压互感器内部有严重放电声和异常响声。

2) 电压互感器严重缺油（油位表看不到油位）。

3) 电压互感器爆炸着火，本体有严重过热现象。

4) 电压互感器严重漏油或向外喷油。

（2）电流互感器出现下列情况应立即申请停电处理。

1) 电流互感器内部有严重放电声和异常声响。

2) 电流互感器爆炸、着火，本体有严重过热现象。

3) 当电流互感器漏气较严重而一时无法进行补气时。

任务二　变电站二次设备异常处理

变电站二次设备在运行中，经常会发生各种类型的异常现象，如主变保护发 TA 断线等，如果不及时处理，将会导致电网稳定破坏和大面积停电事故，因此，掌握主要二次设备异常的处理基本原则和基本步骤，是变电运行人员的一项重要技能。

任务 2.1　WBH-801 型微机型变压器保护装置异常处理

2.1.1　任务分析

在学习 WBH-801 型微机型变压器保护装置正常运行状态的基础上，能正确分析掌握无人值班变电站 WBH-801 型微机型变压器保护装置常见异常的处理步骤并进行异常处理。

2.1.2　相关知识

WBH-801 型保护装置面板（见图 4-1）中装置各信号（指示灯等）名称、指示状态；屏上各按钮、转换断路器的标号及作用和正常运行状态介绍如下。

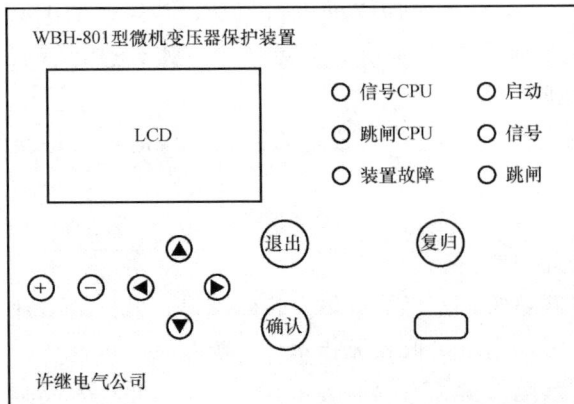

图 4-1　WBH-801 型微机型变压器保护装置面板图

"信号 CPU"灯为绿灯，装置正常运行时灯亮。

"跳闸 CPU"灯为红灯，装置正常运行时灯熄灭，当任一保护动作时点亮。

"装置故障"灯为红灯，正常时熄灭，当装置发生故障时亮。

"启动"灯为黄灯，正常运行时熄灭，当任一保护启动元件启动时点亮。

"信号"灯为红灯，正常运行时熄灭，当任一保护动作时点亮。

"跳闸"灯为红灯，正常运行时熄

灭，当任一保护动作时点亮。

2.1.3　任务实施

WBH-801 型保护装置异常处理方法介绍如下。

（1）运行中电源指示灯熄灭，"直流电源消失"光字牌亮，说明装置直流电源消失，应报告当值调度员，申请退出保护；如果经检查运行人员无法处理，应通知维修部门处理。

（2）如装置发故障信号，应及时收集打印的自检报告，并复位一次装置。如不能复归，应报告当值调度员，退出相关保护，并通知维修部门处理。

（3）装置发"TV 断线"信号，而不能复归时，应检查 TV 二次电压正常后，通知维修部门处理。

（4）装置发"TA 断线"信号且不能复归时，应申请断开保护出口连接片，通知维修部门处理。

（5）装置发"差流越限"信号时，应报告当值调度员，查明情况，听候调度处理。

（6）当差动保护发电流回路断线信号时，应退出差动保护，将变压器后备保护跳母联断路器的连接片断开。

2.1.4　拓展提高

（1）一次设备至少应保证有一套完整的保护装置投入运行，双重化配置的保护装置如需全部退出，应申请值班调度员将被保护的一次设备退出运行。

（2）保护装置功能投退应经值班调度员同意，具体连接片投退由运行值班人员或维操队员根据现场运行规程自行处理。

任务 2.2　CAS-225E 型备用电源自动投入装置异常处理

2.2.1　任务分析

在学习备用电源自动投入装置正常运行状态的基础上，能正确分析掌握无人值班变电站 CAS-225E 系列微机型备自投装置常见异常的处理步骤并进行异常处理。

2.2.2　相关知识

CAS-225E 型备用电源自投装置面板（见图 4-2）各信号（指示灯等）名称、指示状态、操作说明及运行注意事项介绍如下。

电源：装置正常受电时点亮。

运行：正常运行时绿灯闪亮。

告警：正常运行时不亮，装置异常时点亮。

保护跳：正常运行时不亮，断路器跳闸时点亮。

动作：装置正常时不亮，装置动作一次后绿灯闪亮。

充电：装置充电时绿灯闪亮。

TXD：装置发送信息数据时点亮。

RXD：装置接收信息数据时点亮。

2.2.3　任务实施

CAS-225E 型备用电源自投装置异常处理方法介绍如下。

（1）当装置在运行中出现以下现象时，应向调度汇报

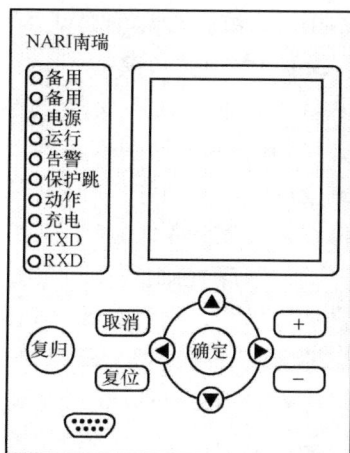

图 4-2　CAS-225E 型备用电源自投装置面板图

申请退出备自投装置。

1）"运行"灯灭，"告警"灯亮。

2）液晶屏上顺序表示动作充电状态与现场运行方式不一致。

（2）下列情况应退出备自投装置。

1）母联断路器及其隔离开关停电检修时。

2）装置定检校验。

3）主变断路器停电或母线倒闸操作。

4）母线电压互感器停电。

2.2.4 拓展提高

（1）正常运行时，备自投装置必须投入运行，应检查其备自投功能已开放，且与一次运行方式相符。

（2）当备自投装置动作不正确时，值班员严禁手动操作应动作的断路器，应立即汇报调度，申请退出装置检修。

（3）对于微机型备自投装置，动作一次后必须手动复归方可再次投入。

任务三　变电站站用电、直流系统异常处理

变电站站用电系统带有主变冷却风扇，直流充电电源等重要负荷，如果出现故障和异常，将直接影响到一次系统主设备的运行，严重的将会导致设备停运；变电站的直流系统提供继电保护和二次设备的操作、控制、装置电源，如果发生异常，将会导致继电保护、二次设备的误动和拒动，给电网安全运行带来严重威胁，因此，掌握站用电、直流系统的典型接线和各种典型异常的处理，是变电运行人员非常重要的工作。

任务 3.1　变电站站用电系统异常处理

3.1.1　任务分析

在掌握典型 220kV 双母线接线变电站站用电系统的正常运行方式的基础上，能正确分析站用电系统各种类型典型异常状况的处理步骤及进行异常处理。

3.1.2　相关知识

（1）典型 220kV 双母线接线变电站站用电系统构成及作用，参见图 0-1。

1）装设两台站用变压器，布置在站用电室，不设置备用站用变压器，站用变压器采用干式变压器，并兼作接地变压器用。两台站用变工作电源分别接入 10kV Ⅰ 段母线和 10kV Ⅱ 段母线，015 断路器供 1#站用变，021 断路器供 2#站用变。

2）对应两台站用变压器分别设一段 380/220V 母线，分别通过 381 断路器、382 断路器各供一段母线，两段母线之间设联络 312 断路器，两段母线正常运行时分列运行（即低压分段断路器 312 断路器为断开状态）。

（2）典型 220kV 双母线接线变电站站用电系统正常运行方式。

站用电源由 10kV Ⅰ 段母线经高压 10kV 015 断路器由 1#站用变经低压 0.38kV 381 断路器供 0.38kV Ⅰ 段母线，由 10kV Ⅱ 段母线经高压 10kV 021 断路器由 2#站用变经低压 0.38kV 382 断路器供 0.38kV Ⅱ 段母线，312 断路器热备用，0.38kV Ⅰ、Ⅱ 段母线分列

运行。

3.1.3　任务实施

(1) 站用电失压的处理。

站用电全部失压时，应立即判明失压原因，若因电网故障失压，而站用电断路器未跳闸时，待电网电压恢复后，站用电立即恢复；若因本站设备故障而造成站用电全部失压时，应立即将站用电转入正常系统供电，或排除故障后首先恢复站用电。

(2) 381、382 断路器误动跳闸，站用电系统失压的事故处理。

1) 正确判明故障查明原因，迅速隔离故障，迅速恢复站用电，恢复对重要负荷的供电。

2) 注意不扩大事故，防止带负荷拉合隔离开关，防止带故障点送电，不得用断路器 381 与 382 并列，防止用隔离开关造成 10kV 系统在 0.38kV 侧并列。

3) 站用电失压后，须立即投入电话总机的备用电源，保证通信畅通。

4) 站用电失压后，事故照明须自动投入，如未自动投入应查明原因，保证夜间事故处理的必要照明电源，如系白天，应断开事故照明电源。

5) 站用电失压后，应立即检查综合自动化系统 UPS 电源运行工作正常。

3.1.4　拓展提高

(1) 按正常运行方式能引起站用电失压的故障跳闸包括以下几种。

1) 因低压配电装置及回路的故障引起的越级造成 381 (或 382) 断路器跳闸。

2) 因低压母线或站用变故障引起的站用变高低压断路器同时跳闸，或仅只高压侧断路器跳闸。

3) 因某种原因造成 10kV 总断路器跳闸。

(2) 上述情况造成部分站用电失压处理。

1) 若仅只 381 (或 382) 断路器跳闸，应检查后，手动合上分段断路器 312，说明有永久性故障。此时，应拉开失压母线上的所有断路器，检查失压母线无异常后可用 381 (或 382) 断路器试送电。若试送成功，说明不是母线故障，然后分别检查各路送电回路，无问题后逐一送电。

2) 若站用电失压，而低压断路器 381 (或 382) 未跳开，应立即合上 312 分段断路器，若合不上 312 分段断路器，应立即到低压配电室查明原因，采取隔离故障的措施后，现场电动或手动合上 312 分段断路器，若因低压母线故障，不能恢复供电，应立即将重要负荷转至正常母线供电。

任务 3.2　变电站直流系统异常处理

3.2.1　任务分析

在掌握典型 220kV 双母线接线变电站直流系统设备组成和正常运行方式的基础上，能正确分析直流系统各类型典型异常状况的处理步骤及进行异常处理。

3.2.2　相关知识

(1) 直流系统组成。

1) 220 千伏变电站直流系统电压为 220V，直流系统主要由蓄电池、高频开关电源、直流主馈电屏及直流分馈电屏组成，由其对全站测控、保护装置及事故照明等负荷供电，直流系统采用辐射式供电。

2）直流系统主要设备为：蓄电池容量 300Ah（GFM-300 阀控式密封铅酸蓄电池），蓄电池组共计两组，每组数量 104 个；高频开关电源 120A/315V。

3）每套高频开关电源配一台微机直流监控装置，实现对蓄电池组的自动充、放电控制，并监测直流系统运行工况。

（2）220 千伏变电站直流系统正常运行方式。

1）直流系统采用单母线分段接线，正常时，两段母线分开运行。每段母线接一组蓄电池和一套高频断路器电源，蓄电池组不设端电池，正常时按浮充电方式运行；每套高频断路器电源由两路 380V 交流电源供电（一路工作，一路备用），两路交流电源连锁，当工作电源消失时，能自动或手动切换至备用电源。高频断路器电源输出回路通过双投刀开关，可接入充电母线或馈电母线，正常时，接入充电母线给蓄电池浮充电，同时，给直流负荷供电。

2）直流系统采用辐射状单元供电及局部环状供电方式。对于双套保护，每套保护独立供给一回直流电源。对于单套保护，保护和操作回路共用一回直流电源。

3.2.3　任务实施

（1）蓄电池故障处理。

1）阀控密封铅酸蓄电池壳体变形，一般造成的原因有充电电流过大、充电电压超过了 2.4 V×N（N 为蓄电池个数）、内部有短路或局部放电、温升超标、安全阀动作失灵等原因造成内部压力升高。处理方法是减小充电电流，降低充电电压，检查安全阀是否堵死。

2）运行中浮充电压正常，但如一旦放电，电压很快下降到终止电压值，一般原因是蓄电池内部失水干涸、电解物质变质，处理方法是申请更换蓄电池。

3）蓄电池组熔断器熔断后，应立即检查处理，并采取相应措施，防止直流母线失电。

4）蓄电池组发生爆炸、开路时，应迅速将蓄电池总熔断器或自动空气开关断开。

5）发现蓄电池外壳有膨肚现象，应立即汇报检修部门。

6）蓄电池着火处理方法：用四氯化碳灭火器灭火，不能用二氧化碳灭火器来灭火。

（2）充电装置、绝缘监测装置的故障处理。

1）直流电源系统设备发生短路、交流或直流失压时，应迅速查明原因，消除故障。

2）出现某条直流线路电压无显示，检查母线电压是否输入正确。

3）绝缘监测装置开机无显示，可能是内部电源接插件接触不良，或者电源故障，应检查电源或内部电源接插件。

（3）直流接地故障处理。

1）当直流接地绝缘监测装置发出告警信号时，应立即查看直流接地绝缘监测装置内信息，判明接地故障方位以及哪极接地和对地绝缘电阻值。

2）此时站内若有与直流二次回路有关的修试工作，就要求立即停止工作，查询有无发生接地。

3）在直流接地绝缘监测装置不能判明故障地点的情况下，采用分别切除直流回路的方法寻接地点，寻找前与调度联系退出会误动的保护，每个回路断电时间越短越好，一般约为 3s。

4）切除直流负荷按下列顺序进行：

事故照明电源、通信室电源、充电电源、主控制室常明灯，10、110、220kV 断路器操作电源，10、110、220kV 备用或停用出线断路器控制信号电源、故障录波装置电源，各断路器信号电源，接地站用变断路器保护控制电源、电容器断路器保护控制电源、并联电抗器断路器保护控制电源，10kV 分段断路器控制电源，10、110kV 各出线断路器及母联断路器保护控制电源，220kV 各出线断路器、母差及母联断路器保护控制电源，主变控制保护信号电源、蓄电池输出隔离开关。

3.2.4　拓展提高

直流母线故障，应迅速查明原因，隔离故障点，恢复送电；故障点不明的应报检修人员立即检查处理，尽早排除故障。

项目五　变电站事故处理

变电站正常运行时，由于受不可抗拒的外力破坏、设备存在缺陷、继电保护误动、运行人员误操作等原因，不可避免地会发生设备故障或事故。处理电气设备故障或事故是变电站值班员主要工作之一，是一件很复杂的工作，它要求值班员具有良好的技术素质，熟悉变电站运行方式和各设备性能、结构、工作原理、运行参数以及电气事故处理规程等专业知识和技术法规。运行经验证明，严格执行电气事故处理规程并掌握处理故障或事故的一些方法和技巧，能够正确判断和及时处理变电站正常运行时发生的各种故障或事故，并将其造成的损失减小到最低程度。

一、变电站事故处理基本原则

变电站事故处理必须严格遵守变电站事故处理的基本原则及《电力安全工作规程》、各级调度规程和其他的有关规定。变电站事故处理基本原则如下。

（1）迅速限制事故的发展，消除事故的根源，解除对人身和设备安全的威胁。

一般情况下，不得轻易停运设备；如果对人身和设备的安全没有构成威胁时，应尽力设法保持该设备的运行；如果对人身和设备的安全构成威胁时，应尽力设法解除这种威胁；如果危及人身和设备的安全时，应立即停止该设备的运行。

（2）确保站用电的安全，设法保持站用电源正常。

在处理事故过程中，首先应保证站用电的安全运行和正常供电，当系统或有关设备事故和异常运行造成站用电停电或故障时，应首先处理和恢复站用电的运行，以确保其供电。

（3）事故发生后，根据当值值班长的安排，检查表计、保护、信号及自动装置动作情况以及到现场进行故障后的巡视检查，进行综合分析、判断事故的性质及范围，迅速制定事故处理方案。

（4）处理事故时，应根据现场的情况和有关规程的规定启动备用设备运行，采取必要的安全措施，对未造成事故的设备进行必要的安全隔离，保持其正常运行，防止事故扩大。

（5）在事故已被限制并趋于正常稳定状态时，应设法调整系统运行方式，使之合理，让系统恢复正常；并尽快对已停电的用户和线路恢复供电；防止非同期并列和系统事故扩大。

（6）在事故处理过程中，详细作好主要操作及操作时间等记录（包括打印保护装置动作记录和故障录波图等），及时将事故处理情况报告有关领导和系统调度员。

二、变电站事故处理一般规定

变电站发生事故时，为了做到有条不紊地处理好事故，运行值班人员必须严格执行变电站事故处理一般规定，在第一时间内向调度和主管领导汇报，服从调度的指挥，正确执行调度命令。变电站事故处理一般规定如下。

（1）发生事故时，当值人员要迅速正确查明情况并快速作出记录，在第一时间内报告上级调度和有关负责人员，迅速正确地执行调度命令及运行负责人的指示，按照有关规程规定正确处理。处理事故过程中，应当与上级调度保持紧密联系，随时执行调度的命令。处理事故时，系统调度员是系统事故处理的领导和组织者，值班长是变电站事故处理的领导和组织者，值班长应接受系统调度员指挥。

（2）在处理事故时，当值值班长为事故处理的直接指挥者，应留在主控制室，统一指挥，并与调度员保持联系。当值值班员应立即到主控制室，服从当值值班长的分配，参加事故处理和设备检查。除当值人员和有关人员外，其他人员一律迅速离开主控制室和事故处理现场，一切工作必须停止，待事故处理完毕后，向当值调度员申请再恢复工作。在事故处理的过程中，当值值班长如有必要离开主控制室，必须指定专人负责坚守主控制室，并保持电话联系。

（3）事故处理过程中，有关站领导和专责工程师必须到现场进行监督指导，必要时，有权代替当值值班长亲自组织事故处理。

（4）在交接班手续未办完而发生事故时，应由交班人员负责处理，接班人员必须听从交班值班长的安排，协助处理事故。在系统未恢复稳定状态或值班负责人不同意交接班之前，不得进行交接班。只有事故处理告一段落或值班负责人同意交接班后，方可进行交接班。

（5）处理事故时，各级值班人员必须严格执行发令、复诵、汇报、录音和记录制度。发令人发出事故处理的命令后，要求受令人复诵自己的分令，受令人应将事故处理的命令向发令人复诵一遍。如果受令人未听懂，应向发令人问清楚。命令执行后，应向发令人汇报。为便于分析事故，处理事故时应录音。事故处理后，应记录事故现象和处理情况。

（6）事故处理中若下一个命令需根据前一命令执行情况来确定，则发令人必须等待命令执行人的亲自汇报后再定。不能经第三者传达，不准根据表计的指示信号判断命令的执行情况（可作参考）。

（7）发生事故时，各装置的动作信号不要急于复归，以便随时查核，有利于事故的正确分析和处理。

（8）变电站的技术人员应定期整理事故档案，并集中讨论事故处理步骤的正确与否，结合事故预想、反事故演习等培训工作，对职工进行安全教育，提高值班人员事故处理的素质。

三、变电站事故处理一般程序

变电站发生事故时，为了做到准确、及时、正确地处理好事故，运行值班人员必须遵照变电站事故处理一般程序进行事故处理。变电站事故处理一般程序如下。

（1）汇报调度，执行现场应急处理。

若故障对人身和设备安全构成威胁，应立即设法消除，必要时可停止设备运行。

（2）判断故障性质及故障范围。

根据计算机显像管（显示器）图像显示、光字牌报警信号、系统中有无冲击摆动现象、继电保护及自动装置动作情况、仪表及计算机打印记录以及到故障现场，对故障设备和相关设备进行全面检查（母线故障时，应检查所有相联的断路器和隔离开关）。对其进行分析，判断出故障性质及故障范围。

（3）将故障设备隔离，确保非故障设备的运行，尽快恢复停电设备的供电，恢复运行方式，做好故障设备现场安全措施。

对于故障设备，在判明故障性质后，值班人员应将故障设备隔离，确保非故障设备的运行，并做好故障设备现场安全措施，以便检修人员进行抢修。

（4）做好事故处理记录及时汇报。

值班人员必须迅速、准确地将事故处理的每一阶段情况记录好，报告调度，避免事故处理发生混乱。

四、变电站事故处理基本流程

为了做到有条不紊、准确、及时、正确地处理变电站各种事故，运行值班人员在进行事故处理时，必须严格遵守国家电网公司标准化作业流程，具体如下。

(1) 发生事故，立即汇报当值调度及运行单位。

(2) 运行单位执行现场应急处理。

(3) 当值调度将事故情况汇报生产管理部门及分管领导。

(4) 调度部门组织事故应急处理。

(5) 判断是否改变运行方式。

(6) 需改变运行方式，进入倒闸操作流程。

(7) 生产管理部门根据现场实际及预案组织制定抢修方案，安排抢修处理。

(8) 布置现场安全措施。

(9) 事故抢修处理。

(10) 事故抢修工作结束后进行设备验收。

(11) 恢复运行方式。

(12) 做好事故处理记录。

(13) 对事故处理情况进行评价，提出改进意见及措施。

变电站事故处理学习项目，主要学习典型的 220kV 双母线接线变电站各线路、母线、主变压器、电容器、互感器、站用电、直流系统故障的处理。

典型的 220kV 双母线接线变电站一次系统接线图见图 0-1，其变电站正常运行方式见绪论"220kV 双母线接线变电站正常运行方式"。

任务一　变电站线路事故处理

变电站线路的作用是输送电能。220kV 双母线接线变电站一次系统接线图见图 0-1，当 220kV 电力线路发生故障时，电能则无法从发电厂送到变电站或从一个变电站送到另一个变电站；当 110、10kV 电力线路发生故障时，电能则无法从该变电站送给各用户。下面介绍变电站线路事故处理。

任务 1.1　10kV 纺织线 010 线路近端相间瞬时性故障（保护、断路器动作正确，重合闸投入）

1.1.1　任务分析

(1) 当 10kV 纺织线 010 线路近端相间瞬时性故障，保护、断路器动作正确，重合闸投入时，由 10kV 纺织线 010 线路电流速断保护动作跳开 010 断路器，重合闸重合成功。

(2) 按照事故处理的基本原则及一般程序分析，10kV 纺织线 010 线路近端相间瞬时性故障（保护、断路器动作正确，重合闸投入）的基本处理思路为：一次设备组、二次设备组（每组检查人员不少于 2 人）分别对一、二次设备进行检查；10kV 纺织线 010 线路瞬时故障后恢复正常运行。

1.1.2 相关知识

（1）10kV 纺织线 010 线路的作用是将电能从 10kV Ⅰ 母线送给该线路所带负荷。

（2）10kV 纺织线 010 线路正常运行方式。

一次部分为：10kV 纺织线 010 线路将电能从 10kV Ⅰ 母线送给该线路所带负荷（010 断路器合上，010-1、010-3 隔离开关合上）；由 Ⅰ ♯ 主变 001 断路器带 10kV Ⅰ 母线；016 分段断路器已拉开，016-1、016-2 隔离开关在合闸位置。

二次部分为：10kV 配电线路保护为电流速断、过电流以及三相一次重合闸；10kV 016 断路器自投装置运行；电容器组保护为低电压、过电压、过电流保护和零序平衡保护。

（3）电气设备工作状态有电气设备正常状态（即电气设备在规定的外部环境条件，如额定电压、电流、介质、环境温度下，保证连续正常的达到额定工作能力的状态）、电气设备异常状态（即不正常工作状态，是相对于电气设备正常工作状态而言的，电气设备的异常状态是指电气设备在规定的外部条件下，部分或全部失去额定的工作能力状态，如变压器过负荷）、电气设备故障状态（是指异常状态逐渐发展到设备丧失部分机能或全部机能，不能维持运行的状态，如变电站发生的各种形式的短路故障）。电气设备的异常运行或故障，都可能引起事故（是指当电气设备正常工作遭破坏，造成对用户的少送电或人身伤亡和设备损坏的故障。前者称为停电事故，后者称为人身和设备事故）。

（4）电力线路的短路故障主要有单相接地短路、两相接地短路、两相短路、三相短路故障。

（5）继电保护装置是一种由继电器和其他辅助元件构成的安全自动装置。它能反应电气元件的故障和不正常运行状态，并动作于断路器跳闸或发出信号。

（6）输电线路的电流保护是一种由电流继电器和其他辅助元件构成的安全自动装置。它能反应输电线路的故障和不正常运行状态，并动作于断路器跳闸或发出信号。

1.1.3 任务实施

根据事故处理基本原则及一般程序，通过以上任务分析，正确写出 10kV 纺织线 010 线路近端相间瞬时性故障（保护、断路器动作正确，重合闸投入）的处理步骤，并结合《电力安全工作规程》以及各级调度规程和其他的有关规定进行事故处理。

10kV 纺织线 010 线路近端相向瞬时性故障（保护、断路器动作正确，重合闸投入）处理步骤：

（1）记录时间，恢复警报；记录故障现象（一次系统接线图 0 - 1 显示的跳闸断路器位置信息和相关表计指示：10kV 纺织线 010 线路电流正常；10kV Ⅰ 母线电压正常信息；告警信息窗显示的事故总信号；保护与重合闸动作信息；断路器跳闸信息），汇报调度及有关人员（5min 之内汇报）。

（2）二次设备组人员检查本站二次设备运行工况，主要检查本站监控机，10kV 纺织线 010 线路保护屏，并与监控机核对保护动作无误（10kV 纺织线 010 线路电流速断保护动作，三相一次重合闸动作）；记录保护动作情况，复归保护信号。

（3）一次设备组人员穿绝缘靴，戴绝缘手套、安全帽，到现场检查 010 断路器位置（010 断路器在合闸位置）及相关设备（检查 10kV Ⅰ 母线、短路回路电气间隔设备）均正常。

（4）做好记录，将 10kV 纺织线 010 线路近端相间瞬时性故障后，恢复正常运行情况汇报调度。

1.1.4　拓展提高

（1）继电保护的任务：当电力系统发生故障时，发跳闸信号，借助断路器将故障元件切除；当电力系统发生不正常工作状态，发预告信号，以便运行人员及时处理，以预防事故的发生和缩小事故影响范围，保证电能质量和供电可靠性。

（2）输电线路采用自动重合闸装置的作用：①提高输电线路供电可靠性，减少因瞬时性故障停电造成的损失；②对于双端供电的高压输电线路，可提高系统并列运行的稳定性，从而提高线路的输送容量；③可以纠正由于断路器本身机构不良，或继电保护误动作而引起的误跳闸。

（3）到现场检查设备时，工作人员必须穿戴合格的安全用具。

任务 1.2　10kV 纺织线 010 线路近端相间永久性故障（保护、断路器动作正确，重合闸投入）

1.2.1　任务分析

（1）分析保护动作情况。当 10kV 纺织线 010 线路近端相间永久性故障，保护、断路器动作正确，重合闸投入时，由 10kV 纺织线 010 线路电流速断保护动作跳开 010 断路器，三相一次重合闸动作，10kV 纺织线 010 重合闸后加速保护动作使 010 断路器重合不成功。

（2）按照事故处理的基本原则及一般程序，分析 10kV 纺织线 010 线路近端相间永久性故障（保护、断路器动作正确，重合闸投入）的基本处理思路为：一次设备组、二次设备组（每组检查人员不少于 2 人）分别对一、二次设备进行检查；将 10kV 纺织线 010 线路永久性故障隔离；将 10kV 纺织线 010 线路转检修。

1.2.2　相关知识

（1）10kV 纺织线 010 线路的作用是将电能从 10kV I 母线送给该线路所带负荷。

（2）10kV 纺织线 010 线路正常运行方式。

一次部分为：10kV 纺织线 010 线路将电能从 10kV I 母线送给该线路所带负荷（010 断路器合上，010-1、010-3 隔离开关合上）；由 I ♯主变 001 断路器带 I 母线；016 分段断路器已拉开，016-1、016-2 隔离开关在合闸位置。

二次部分为：10kV 配电线路保护为电流速断、过电流以及三相一次重合闸；10kV 016 断路器自投装置运行；电容器组保护为低电压、过电压、过电流和零序平衡保护。

（3）自动重合闸后加速保护。自动重合闸后加速保护一般又简称"后加速"。当任一线路发生故障时，首先由故障线路的保护有选择性地将故障切除；然后由故障线路的自动重合闸装置进行重合。如果是瞬时故障，则重合成功，线路恢复正常供电；如果是永久性故障，则加速故障线路的保护装置使之不带延时地将故障再次切除。这样，就在重合闸动作后加速了保护动作，使永久性故障尽快地切除。

1.2.3　任务实施

根据事故处理基本原则及一般程序，通过以上任务分析，正确写出 10kV 纺织线 010 线路近端相间永久性故障（保护、断路器动作正确，重合闸投入）的处理步骤，并结合《电力安全工作规程》以及各级调度规程和其他的有关规定进行事故处理。

10kV 纺织线 010 线路近端相间永久性故障（保护、断路器动作正确、重合闸投入）的处理步骤：

（1）记录时间，恢复警报；记录故障现象（一次系统接线图 0-1 显示的跳闸断路器位置信息 010 断路器变绿色闪光，相关表计指示 10kV 纺织线 010 线路电流为零；10kV Ⅰ 母线电压正常信息；告警信息窗显示的事故总信号；保护与重合闸动作信息；断路器跳闸信息），汇报调度及有关人员（5min 之内汇报）。

（2）二次设备组人员检查本站二次设备运行工况，主要检查本站监控机，10kV 纺织线 010 线路保护屏，并与监控机核对保护动作无误（10kV 纺织线 010 线路电流速断保护动作，三相一次重合闸动作，重合闸后加速保护动作）；记录保护动作情况，复归保护信号；复归 010 手把停止闪光。

（3）一次设备组人员穿绝缘靴，戴绝缘手套、安全帽，到现场检查 010 断路器位置（010 断路器在分闸位置）及相关设备（检查 10kV Ⅰ 母线、短路回路电气间隔设备）均正常。

（4）汇报调度，调度下令对 10kV 纺织线 010 线路强送电，试合 010 断路器。

（5）试合时电流表冲击，重新出现上述故障现象，做好记录，恢复警报，汇报调度和有关领导。

（6）二次设备组人员再次检查本站二次设备运行工况，主要检查本站监控机，10kV 纺织线 010 线路保护屏，并与监控机核对保护动作无误（10kV 纺织线 010 线路电流速断保护动作，三相一次重合闸动作，重合闸后加速保护动作）；记录保护动作情况，复归保护信号；复归 010 手把停止闪光。

（7）一次设备组人员穿绝缘靴，戴绝缘手套、安全帽，到现场再次检查 010 断路器位置（010 断路器在分闸位置）及相关设备（检查 10kV Ⅰ 母线、短路回路电气间隔设备）均正常。

（8）汇报调度，调度下令将 10kV 纺织线 010 线路永久性故障进行隔离（检查 010 断路器在分闸位置；拉开 010-3 隔离开关检查 010-3 隔离开关在分闸位置；拉开 010-1 隔离开关并检查 010-1 隔离开关在分闸位置）。

（9）将 10kV 纺织线 010 线路转检修（在 010-3 隔离开关靠线路侧验明确无电压，在此处挂上接地线；在 010-3 隔离开关操作手把及 010 断路器控制开关 KK 手把上悬挂"禁止合闸，线路有人工作！"标示牌）。

（10）将上述情况汇报调度及有关人员，同时准备好 10kV 纺织线 010 线路送电的操作票。

1.2.4　拓展提高

（1）在 10kV 纺织线 010 线路近端相间永久性故障处理过程中，必须在检查 010 断路器及相关设备均正常后，经调度同意才能试合 010 断路器进行强送电，试合不成功，表明试合在永久性故障的线路上，不允许第二次试合，否则会造成设备损坏，扩大故障。

（2）自动重合闸前加速保护，又简称为"前加速"。一般用于具有几段串联的辐射形线路中，自动重合闸装置仅装在靠近电源的线路上。当线路发生故障时，靠近电源侧的保护首先无选择性地瞬时动作跳闸，而后借助自动重合闸来纠正这种非选择性动作。

（3）到现场检查设备时，工作人员必须穿戴合格的安全用具。

任务 1.3　10kV 纺织线 010 线路近端相间永久性故障（010 断路器拒动）

1.3.1　任务分析

（1）当 10kV 纺织线 010 线路近端相间永久性故障，保护正确动作但断路器拒动时，先后由 10kV 纺织线 010 线路电流速断保护、过电流保护动作跳 010 断路器，但 010 断路器拒动由Ⅰ♯主变Ⅰ屏、Ⅱ屏 10kV 复压方向过电流保护 2 时限动作跳Ⅰ♯主变 10kV 本侧 001 断路器切除故障。此时，10kVⅠ母线失压，10kVⅠ母线电容器组低电压保护动作跳开电容器 011 断路器；与此同时，10kV 分段自投动作，自投在 10kV 纺织线 010 线路近端相间永久性故障上，10kV 016 分段断路器后加速保护动作，10kV 分段自投不成功。

（2）按照事故处理的基本原则及一般程序，分析 10kV 纺织线 010 线路近端相间永久性故障（断路器拒动）的基本处理思路为：一次设备组、二次设备组（每组检查人员不少于 2 人）分别对一、二次设备进行检查；将 10kV 纺织线 010 线路永久性故障及拒动断路器 010 断路器隔离；恢复Ⅰ♯主变 001 断路器供电及电容器 011 断路器正常运行；将 10kV 纺织线 010 线路及 010 断路器转检修。

1.3.2 相关知识

（1）10kV 纺织线 010 线路的作用是将电能从 10kVⅠ母线送给该线路所带负荷。

（2）10kV 纺织线 010 线路正常运行方式。

一次部分为：10kV 纺织线 010 线路将电能从 10kVⅠ母线送给该线路所带负荷（010 断路器合上，010-1、010-3 隔离开关合上）；由Ⅰ♯主变 001 断路器带 10kVⅠ母线；分段 016 断路器已拉开，016-1、016-2 隔离开关在合闸位置。

二次部分为：10kV 配电线路保护为电流速断、过电流以及三相一次重合闸；10kV 016 断路器自投装置运行；电容器组保护为低电压、过电压、过电流和零序平衡保护。

1.3.3 任务实施

根据事故处理基本原则及一般程序，通过以上任务分析，正确写出 10kV 纺织线 010 线路近端相间永久性故障（010 断路器拒动）的处理步骤，并结合《电力安全工作规程》以及各级调度规程和其他的有关规定进行事故处理。

10kV 纺织线 010 线路近端相间永久性故障（010 断路器拒动）的处理步骤：

（1）记录时间，恢复警报；记录故障现象（一次系统接线图 0-1 显示的跳闸断路器位置信息 001、011 断路器变绿色闪光，相关表计指示 010、001、011、016 断路器回路电流均为 0 值；10kVⅠ母线失压，10kVⅠ母线电压表指示为 0；告警信息窗显示的事故总信号；保护与重合闸动作信息；断路器跳闸信息），汇报调度及有关人员（5min 之内汇报）。

（2）二次设备组人员检查本站二次设备运行工况，主要检查本站监控机，10kV 纺织线 010 线路保护屏及相关保护屏保护动作情况并与监控机核对保护动作无误（10kV 纺织线 010 线路电流速断、过电流保护动作，Ⅰ♯主变Ⅰ屏、Ⅱ屏 10kV 复压方向过电流保护 1 时限动作，Ⅰ♯主变Ⅰ屏、Ⅱ屏 10kV 复压方向过电流保护 2 时限动作，10kVⅠ母线电容器组低电压保护动作，10kV 分段自投动作，10kV 016 分段断路器后加速保护动作）；记录保护动作情况，复归保护信号；复归 001、011 手把停止闪光。

（3）一次设备组人员穿绝缘靴、戴绝缘手套、安全帽，到现场检查 010、001、011、016 断路器位置（010 断路器拒动在合闸位置、001、011、016 断路器在分闸位置）及相关设备（检查 10kVⅠ母线、010 断路器及短路回路电气间隔其他设备均无异常）。

（4）汇报调度，调度下令将 10kV 纺织线 010 线路永久性故障及拒动断路器 010 断路器进行故障隔离（手动试拉 010 断路器，不能拉开；解锁拉开 010-3 隔离开关，检查 010-3 隔离开关在分闸位置、拉开 010-1 隔离开关，检查 010-1 隔离开关在分闸位置）。

（5）试合Ⅰ主变001断路器恢复正常运行（10kVⅠ母线电压表指示正常）。

（6）合上电容器011断路器恢复正常运行。

（7）将以上情况做好记录汇报调度及有关领导，安排10kV纺织线010线路及010断路器检修（在010-3隔离开关线路侧验明确无电压，在此处挂上1♯接地线；在010-3隔离开关断路器侧验明确无电压，在此处挂上2♯接地线，在010-1隔离开关断路器侧验明确无电压，在此处挂上3♯接地线；取下纺织线010断路器控制保险，取下纺织线010断路器主合闸保险，解除纺织线010断路器重合闸出口压板；在010-3隔离开关、010-1隔离开关操作手把及010断路器控制开关KK手把上悬挂"禁止合闸，线路有人工作！"标示牌）。

（8）将上述情况汇报调度及有关人员，同时准备好10kV纺织线010线路及010断路器送电的操作票。

1.3.4 拓展提高

（1）备用电源自动投入装置是指当电力系统故障或其他原因使工作电源或工作设备被断开后，能自动将备用电源或备用设备投入工作，使工作电源被断开的用户能迅速恢复供电的一种自动控制装置，简称为AAT装置。备用电源自动投入是保证电力系统连续可靠供电的重要措施。

（2）变压器复合电压启动过电流保护（变压器相间短路的后备保护）可作为变压器或相邻元件的后备保护。复合电压的过电流保护一般用于升压变压器或过电流保护灵敏度达不到要求的降压变压器上。复合电压启动元件，由一个负序电压继电器KVN［由一个负序电压滤过器PVN（ZVN）和过电压继电器组成］和一个低电压继电器组成。

（3）到现场检查设备时，工作人员必须穿戴合格的安全用具。

任务1.4 10kV纺织线010线路远端相间瞬时性故障（保护、断路器动作正确，重合闸投入）

1.4.1 任务分析

（1）当10kV纺织线010线路远端相间瞬时性故障，保护、断路器动作正确，重合闸投入时，由10kV纺织线010线路过电流保护动作跳010断路器，重合闸重合成功。

（2）按照事故处理的基本原则及一般程序，分析10kV纺织线010线路远端相间瞬时性故障（保护、断路器动作正确，重合闸投入）的基本处理思路为：一次设备组、二次设备组（每组检查人员不少于2人）分别对一、二次设备进行检查；10kV纺织线010线路远端相间瞬时故障后恢复正常运行。

1.4.2 相关知识

（1）10kV纺织线010线路的作用是将电能从10kVⅠ母线送给该线路所带负荷。

（2）10kV纺织线010线路正常运行方式。

一次部分为：10kV纺织线010线路将电能从10kVⅠ母线送给该线路所带负荷（010断路器合上，010-1、010-3隔离开关合上）；由Ⅰ♯主变001断路器带10kVⅠ母线；016分段断路器已拉开，016-1、016-2隔离开关在合闸位置。

二次部分为：10kV配电线路保护为电流速断、过电流以及三相一次重合闸；10kV 016分段断路器自投装置运行；电容器组保护为低电压、过电压、过电流和零序平衡保护。

1.4.3 任务实施

根据事故处理基本原则及一般程序，通过以上任务分析，正确写出 10kV 纺织线 010 线路远端相间瞬时性故障（保护、断路器动作正确，重合闸投入）的处理步骤，并结合《电力安全工作规程》以及各级调度规程和其他的有关规定进行事故处理。

10kV 纺织线 010 线路远端相间瞬时性故障（保护、断路器动作正确，重合闸投入）的处理步骤：

(1) 记录时间，恢复警报；记录故障现象（一次系统接线图 0 - 1 显示的跳闸断路器位置信息和相关表计指示：10kV 纺织线 010 线路电流正常；10kV Ⅰ母线电压正常；告警信息窗显示的事故总信号；保护与重合闸动作信息；断路器跳闸信息），汇报调度及有关人员（5min 之内汇报）。

(2) 二次设备组人员检查本站二次设备运行工况，主要检查本站监控机，10kV 纺织线 010 线路保护屏，并与监控机核对保护动作无误（10kV 纺织线 010 线路过电流保护动作，三相一次重合闸动作）；记录保护动作情况，复归保护信号。

(3) 一次设备组人员穿绝缘靴，戴绝缘手套、安全帽，到现场检查 010 断路器位置（010 断路器在合闸位置）及相关设备（检查 10kV Ⅰ母线、短路回路电气间隔设备均正常）。

(4) 做好记录，将 10kV 纺织线 010 线路远端相间瞬时性故障后，恢复正常运行情况汇报调度。

1.4.4 拓展提高

(1) 电力系统短路故障的主要原因：电气设备载流部分的绝缘损坏，且容易发生在架空线路、断路器、旋转电机等设备上。短路的主要后果：短路瞬间，短路回路中的短路电流增大（短路点距电源的电气距离越近，短路电流越大），系统电压减小，影响用户正常工作。

(2) 到现场检查设备时，工作人员必须穿戴合格的安全用具。

任务 1.5 10kV 纺织线 010 线路远端相间永久性故障（保护、断路器动作正确，重合闸投入）

1.5.1 任务分析

(1) 当 10kV 纺织线 010 线路远端相间永久性故障，保护、断路器动作正确，重合闸投入时，由 10kV 纺织线 010 线路过电流保护动作跳开 010 断路器，三相一次重合闸动作，重合闸后加速保护动作，010 断路器重合不成功。

(2) 按照事故处理的基本原则及一般程序，分析 10kV 纺织线 010 线路远端相间永久性故障（保护、断路器动作正确，重合闸投入）的基本处理思路为：一次设备组、二次设备组（每组检查人员不少于 2 人）分别对一、二次设备进行检查；将 10kV 纺织线 010 线路永久性故障隔离；将 10kV 纺织线 010 线路转检修。

1.5.2 相关知识

(1) 10kV 纺织线 010 线路的作用是将电能从 10kV Ⅰ母线送给该线路所带负荷。

(2) 10kV 纺织线 010 线路正常运行方式。

一次部分为：10kV 纺织线 010 线路将电能从 10kV Ⅰ母线送给该线路所带负荷（010 断路器合上，010-1、010-3 隔离开关合上）；由 Ⅰ#主变 001 断路器带 10kV Ⅰ母线；016 分段断路器已拉开，016-1、016-2 隔离开关在合闸位置。

二次部分为：10kV 配电线路保护为电流速断、过电流以及三相一次重合闸；10kV 016 分段断路器自投装置运行；电容器组保护为低电压、过电压、过电流和零序平衡保护。

1.5.3　任务实施

根据事故处理基本原则及一般程序，通过以上任务分析，正确写出 10kV 纺织线 010 线路远端相间永久性故障（保护、断路器动作正确，重合闸投入）的处理步骤，并结合《电力安全工作规程》以及各级调度规程和其他的有关规定进行事故处理。

10kV 纺织线 010 线路远端相间永久性故障（保护、断路器动作正确，重合闸投入）的处理步骤：

（1）记录时间，恢复警报；记录故障现象（一次系统接线图 0-1 显示的跳闸断路器位置信息 010 断路器变绿色闪光，相关表计显示 10kV 纺织线 010 线路电流为 0 值；10kV Ⅰ 母线电压正常；告警信息窗显示的事故总信号；保护与重合闸动作信息；断路器跳闸信息），汇报调度及有关人员（5min 之内汇报）。

（2）二次设备组人员检查本站二次设备运行工况，主要检查本站监控机，10kV 纺织线 010 线路保护屏，并与监控机核对保护动作无误（10kV 纺织线 010 线路过电流保护动作，三相一次重合闸动作，重合闸后加速保护动作）；记录保护动作情况，复归保护信号；复归 010 手把停止闪光。

（3）一次设备组人员穿绝缘靴、戴绝缘手套、安全帽，到现场检查 010 断路器位置（010 断路器在分闸位置）及电气间隔相关设备（检查 10kV Ⅰ 母线、短路回路设备均正常）。

（4）汇报调度，调度下令对 10kV 纺织线 010 线路强送电，试合 010 断路器。

（5）试合时电流表受到冲击，重新出现上述故障现象，恢复警报，做好记录，汇报调度和有关领导。

（6）二次设备组人员再次检查本站二次设备运行工况，主要检查本站监控机，10kV 纺织线 010 线路保护屏，并与监控机核对保护动作无误（10kV 纺织线 010 线路过电流保护动作，三相一次重合闸动作，后加速保护动作）；记录保护动作情况，复归保护信号；复归 010 手把停止闪光。

（7）一次设备组人员穿绝缘靴、戴绝缘手套、安全帽，到现场再次检查 010 断路器位置（010 断路器在分闸位置）及相关设备（检查 10kV Ⅰ 母线、短路回路电气间隔设备均正常）。

（8）汇报调度，调度下令将 10kV 纺织线 010 线路永久性故障进行隔离（检查 010 断路器在分闸位置；拉开 010-3 隔离开关检查 010-3 隔离开关在分闸位置）。

（9）将 10kV 纺织线 010 线路转检修（在 010-3 隔离开关线路侧验明确无电压，在此处挂上接地线；在 010-3 隔离开关操作手把及 010 断路器控制开关 KK 手把上悬挂"禁止合闸，线路有人工作！"标示牌）。

（10）将上述情况汇报调度及有关人员，同时准备好 10kV 纺织线 010 线路送电的操作票。

1.5.4　拓展提高

（1）在 10kV 纺织线 010 线路远端相间永久性故障处理过程中，必须在检查 010 断路器及相关设备均正常后，经调度同意才能试合 010 断路器进行强送电，试合不成功，表明试合在永久性故障的线路上，不允许第二次试合，否则会造成设备损坏，扩大故障。

（2）到现场检查设备时，工作人员必须穿戴合格的安全用具。

任务 1.6　10kV 纺织线 010 线路正常运行中带负荷拉线路侧 010-3 隔离开关（保护、断路器动作正确，重合闸投入）

1.6.1　任务分析

（1）当 10kV 纺织线 010 线路正常运行中发生带负荷拉线路侧隔离开关 010-3 隔离开关故障（保护、断路器动作正确，重合闸投入）时，由 10kV 纺织线 010 线路电流速断保护动作跳开 010 断路器，三相一次重合闸动作，重合闸后加速保护动作，010 断路器重合不成功（010-3 隔离开关已拉开但损坏严重）。

（2）按照事故处理的基本原则及一般程序，分析 10kV 纺织线 010 线路正常运行中带负荷拉线路侧隔离开关 010-3 隔离开关（保护、断路器动作正确，重合闸投入）的基本处理思路为：一次设备组、二次设备组（每组检查人员不少于 2 人）分别对一、二次设备进行检查；将 10kV 纺织线 010 线路侧隔离开关 010-3 隔离开关隔离；安排 010-3 隔离开关检修。

1.6.2　相关知识

（1）10kV 纺织线 010 线路的作用是将电能从 10kV Ⅰ 母线送给该线路所带负荷。

（2）10kV 纺织线 010 线路正常运行方式：

一次部分为：10kV 纺织线 010 线路将电能从 10kV Ⅰ 母线送给该线路所带负荷（010 断路器合上，010-1、010-3 隔离开关合上）；由 Ⅰ♯ 主变 001 断路器带 10kV Ⅰ 母线；016 分段断路器已拉开，016-1、016-2 隔离开关在合闸位置。

二次部分为：10kV 配电线路保护为电流速断、过电流以及三相一次重合闸；10kV 016 分段断路器自投装置运行；电容器组保护为低电压、过电压、过电流和零序平衡保护。

1.6.3　任务实施

根据事故处理基本原则及一般程序，通过以上任务分析，正确写出 10kV 纺织线 010 线路正常运行中带负荷拉线路侧隔离开关（保护、断路器动作正确，重合闸投入）的处理步骤，并结合《电力安全工作规程》以及各级调度规程和其他的有关规定进行事故处理。

10kV 纺织线 010 线路正常运行中带负荷拉线路侧隔离开关（保护、断路器动作正确，重合闸投入）的处理步骤：

（1）记录时间，恢复警报；记录故障现象（一次系统接线图 0-1 显示的跳闸断路器位置信息 010 断路器变绿色闪光，相关表计显示 10kV 纺织线 010 线路电流为 0 值；10kV Ⅰ 母线电压正常；告警信息窗显示的事故总信号；保护与重合闸动作信息；断路器跳闸信息），汇报调度及有关人员（5min 之内汇报）。

（2）二次设备组人员检查本站二次设备运行工况，主要检查本站监控机，10kV 纺织线 010 线路保护屏，并与监控机核对保护动作无误（10kV 纺织线 010 线路电流速断保护动作，三相一次重合闸动作，重合闸后加速保护动作）；记录保护动作情况，复归保护信号；复归 010 手把停止闪光。

（3）一次设备组人员穿绝缘靴，戴绝缘手套、安全帽，到现场检查 010 断路器位置（010 断路器在分闸位置）及相关设备（检查 10kV Ⅰ 母线、010 断路器、010-3 隔离开关及短路回路电气间隔其他设备。010-3 隔离开关在分闸位置且损坏严重，其他设备均正常。

（4）汇报调度，隔离故障设备 010-3 隔离开关（检查 010 断路器在分闸位置；检查 010-3 隔离开关在分闸位置，拉开 010-1 隔离开关，检查 010-1 隔离开关在分闸位置）。

（5）做好记录，将情况报调度和有关领导，安排 010-3 隔离开关检修（在纺织线 010-3 隔离开关线路侧验电确无电压，在纺织线 010-3 隔离开关线路侧挂 1♯地线；在纺织线 010-3 隔离开关断路器侧验电确无电压，在纺织线 010-3 隔离开关断路器侧挂 2♯地线；在纺织线 010-1 隔离开关操作手把及 010 断路器控制开关 KK 手把上悬挂"禁止合闸，线路有人工作！"标示牌）。

（6）将上述情况汇报调度及有关人员，同时准备好 10kV 纺织线 010 线路及 010 断路器送电的操作票。

1.6.4　拓展提高

（1）三段式电流保护的构成：单侧电源供电的输电线路一般设置三段式电流保护，即瞬时电流速断保护（Ⅰ段）、限时电流速断保护（Ⅱ段）、定时限过电流保护（Ⅲ段）。

第Ⅰ段为瞬时电流速断保护装置，它的保护范围为线路的首端，动作时限约为 0，它由中间继电器固有动作时间决定；

第Ⅱ段为带时限电流速断保护装置，它的保护范围为本线路的全长并延伸到相邻线路的首端部分，其动作时限一般为 0.5s，瞬时电流速断和带时限电流速断装置是线路的主保护；

第Ⅲ段保护为定时限过电流保护装置，保护范围包括本线路及相邻线路全长甚至更长，动作时限按阶梯原则整定——保证动作的选择性，具有定时限特性。

（2）到现场检查设备时，工作人员必须穿戴合格的安全用具。

任务 1.7　10kV 纺织线 010 线路运行中带负荷拉线路侧 010-3 隔离开关（010 线路保护拒动，分段自投不成功）

1.7.1　任务分析

（1）当 10kV 纺织线 010 线路正常运行中发生带负荷拉线路侧隔离开关（010 线路保护拒动，分段自投不成功）时，因为 010 线路保护拒动，由Ⅰ♯主变Ⅰ屏、Ⅱ屏 10kV 复压方向过电流保护 2 时限动作跳Ⅰ♯主变 10kV 本侧 001 断路器切除故障。此时，10kVⅠ母线失压，10kVⅠ母线电容器组低电压保护动作跳开电容器 011 断路器；与此同时，10kV 分段自投动作，自投在 10kV 纺织线 010 线路近端相间永久性故障上，10kV 016 分段断路器后加速保护动作，10kV 分段自投不成功（010-3 隔离开关拉开但损坏严重）。

（2）按照事故处理的基本原则及一般程序分析，10kV 纺织线 010 线路正常运行中发生带负荷拉线路侧隔离开关（010 线路保护拒动，分段自投不成功）的基本处理思路为：一次设备组、二次设备组（每组检查人员不少于 2 人）分别对一、二次设备进行检查；将 10kV 纺织线 010 线路侧故障隔离开关 010-3 隔离；恢复Ⅰ♯主变 001 断路器供电、电容器 011 断路器正常运行方式；安排 010-3 隔离开关检修及检查 10kV 纺织线 010 线路保护拒动的原因。

1.7.2　相关知识

（1）10kV 纺织线 010 线路的作用是将电能从 10kVⅠ母线送给该线路所带负荷。

（2）10kV 纺织线 010 线路正常运行方式。

一次部分为：10kV 纺织线 010 线路将电能从 10kVⅠ母线送给该线路所带负荷（010 断路器合上，010-1、010-3 隔离开关合上）；由Ⅰ♯主变 001 断路器带 10kVⅠ母线；016 分段断路器已拉开，016-1、016-2 隔离开关在合闸位置。

二次部分为：10kV 配电线路保护为电流速断、过电流以及三相一次重合闸；10kV 016

分段断路器自投装置运行；电容器组为低电压、过电压、过电流零序平衡保护。Ⅰ♯主变压器配置两套保护，主变压器保护Ⅰ屏为 WBH-801（集成了一台变压器的全部主后备电气量保护）和 WBH-802（集成了变压器的全部非电量类保护）微机变压器保护装置，并配有 FCZ-832S 高压侧断路器操作箱（含电压切换），完成主变的一套电气量保护、非电量保护和高压侧的操作回路及电压切换回路功能；主变压器保护Ⅱ屏为 WBH-801 微机变压器保护装置，并配有 FCZ-813S 中压侧和低压断路器操作箱（含中压侧电压切换），ZYQ-812 高压侧电压切换箱，完成主变的第二套电气量保护和中、低压侧的操作回路及高中压侧电压切换回路功能。其中，电气量保护有：差动保护；220kV 复压（方向）过电流，220kV 零序电流保护（零序方向Ⅰ段、零序方向Ⅱ段、零序方向过电流、中性点零序过电流），220kV 间隙保护；110kV 复压（方向）过电流，110kV 零序电流保护（零序方向Ⅰ段、零序方向Ⅱ段、零序方向过电流、中性点零序过电流）；10kV 复压（方向）过电流。

1.7.3　任务实施

根据事故处理基本原则及一般程序，通过以上任务分析，正确写出 10kV 纺织线 010 线路正常运行中发生带负荷拉线路侧隔离开关（010 线路保护拒动，分段自投不成功）的处理步骤，并结合《电力安全工作规程》以及各级调度规程和其他的有关规定进行事故处理。

10kV 纺织线 010 线路正常运行中发生带负荷拉线路侧隔离开关（010 线路保护拒动，分段自投不成功）的处理步骤：

（1）记录时间，恢复警报；记录故障现象（一次系统接线图 0-1 显示的跳闸断路器位置信息 001、011 断路器变绿色闪光，相关表计指示 010、001、011、016 断路器及 10kVⅠ母线所带其他负荷回路电流均为 0 值；10kVⅠ母线电压表指示为 0；告警信息窗显示的事故总信号；保护与重合闸动作信息；断路器跳闸信息），汇报调度及有关人员（5min 之内汇报）。

（2）二次设备组人员检查本站二次设备运行工况，主要检查本站监控机，相关保护屏保护动作情况并与监控机核对保护动作无误（10kV 纺织线 010 线路保护无动作显示，Ⅰ♯主变Ⅰ屏、Ⅱ屏 10kV 复压方向过电流保护 1 时限动作，Ⅰ♯主变Ⅰ屏、Ⅱ屏 10kV 复压方向过电流保护 2 时限动作，10kVⅠ母线电容器组Ⅰ低电压保护动作，10kV 分段自投动作，10kV 分段后加速保护动作）；记录保护动作情况，复归保护信号；复归 001、011 断路器手把停止闪光。

（3）一次设备组人员穿绝缘靴、戴绝缘手套、安全帽，到现场检查跳闸断路器 001、011 断路器、016 断路器在分闸位置及 010 断路器在合闸位置，010-3 隔离开关在分闸位置及相关设备（检查 10kVⅠ母线、010-3 隔离开关及 010、001 短路回路电气间隔 001 断路器及其他设备，发现 010-3 隔离开关损坏严重，其他设备均无异常）。

（4）汇报调度，隔离故障设备 010-3 隔离开关（拉开纺织线 010 断路器，检查 010 断路器在分闸位置；检查 010-3 隔离开关在分闸位置，拉开 010-1 隔离开关并检查 010-1 隔离开关在分闸位置）。

（5）合上 001 断路器；检查 10kVⅠ母线电压表指示正常；合上电容Ⅰ011 断路器恢复正常运行。

（6）做好记录，将情况报调度和有关领导，将纺织线 010 断路器及线路转入检修状态，安排 010-3 隔离开关检修（在纺织线 010-1 隔离开关断路器侧验电确无电压，在纺织线 010-

1隔离开关断路器侧挂 1#地线；在纺织线 010-3 隔离开关断路器侧验电确无电压，在纺织线 010-3 隔离开关断路器侧挂 2#地线；在纺织线 010-3 隔离开关线路侧验电确无电压，在纺织线 010-3 隔离开关线路侧挂 2#地线；取下纺织线 010 断路器控制熔断器，取下纺织线 010 断路器主合闸熔断器，解除纺织线 010 断路器重合闸出口连接片；在纺织线 010-1 隔离开关操作手把及 010 断路器控制开关 KK 手把上悬挂"禁止合闸，线路有人工作！"标示牌）及检查纺织线 010 保护拒动原因。

（7）将上述情况汇报调度及有关人员，同时准备好 10kV 纺织线 010 线路及 010 断路器送电的操作票。

1.7.4　拓展提高

（1）功率方向继电器的作用是判别功率的方向。正方向故障，功率从母线流向线路时动作；反方向故障，功率从线路流向母线时不动作。

（2）到现场检查设备时，工作人员必须穿戴合格的安全用具。

任务 1.8　110kV 电站 I 线 111 线路近端 A 相瞬时性故障（保护，断路器正确动作，重合闸投入）

1.8.1　任务分析

（1）当 110kV 电站 I 线 111 线路近端 A 相瞬时性故障（保护，断路器正确动作，重合闸投入）时，由三段式接地距离 I 段保护动作、零序 I 段保护动作跳开 111 断路器，三相一次重合闸动作，重合成功。

（2）按照事故处理的基本原则及一般程序分析，110kV 电站 I 线 111 线路近端 A 相瞬时性故障（保护、断路器正确动作，重合闸投入）的基本处理思路为：一次设备组、二次设备组（每组检查人员不少于 2 人）分别对一、二次设备进行检查；110kV 电站 I 线 111 线路瞬时故障后恢复正常运行。

1.8.2　相关知识

（1）110kV 电站 I 线 111 线路的作用是将电能从 110kV I 母线送给该线路所带负荷。

（2）110kV 电站 I 线 111 线路正常运行方式：

一次部分为：110kV 电站 I 线 111 线路将电能从 110kV I 母线送给该线路所带负荷（111 断路器合上，111-1、111-3 隔离开关合上）；由 I#主变 101 断路器带 110kV I 母线；母联 115 断路器在合闸位置，115-11、115-2 隔离开关在合闸位置，110kV I 母线与 110kV II 母线并列运行，I#主变 110kV 中性点 D10-1 接地开关在断开位置；II#主变 110kV 中性点 D20-1 接地开关在合闸位置。

二次部分为：电站 I 线 111 线路保护为 WXH-811 微机线路保护装置，配有三段式相间和接地距离、四段零序方式保护、三相一次重合闸，110kV 母线保护为差动保护，配置了 WMH-800 微机母线保护装置。

1.8.3　任务实施

根据事故处理基本原则及一般程序，通过以上任务分析，正确写出 110kV 电站 I 线 111 线路近端 A 相瞬时性故障（保护、断路器正确动作，重合闸投入）的处理步骤，并结合《电力安全工作规程》以及各级调度规程和其他的有关规定进行事故处理。

110kV 电站 I 线 111 线路近端 A 相瞬时性故障（保护、断路器正确动作，重合闸投入）

的处理步骤：

（1）记录时间，恢复警报；记录故障现象（一次系统接线图0-1显示的跳闸断路器位置信息111断路器变绿色闪光和相关表计指示111线路有功、无功、电流表指示均正常；110kVⅠ母线电压正常；告警信息窗显示的事故总信号；保护与重合闸动作信息；断路器跳闸信息），汇报调度及有关人员（5min之内汇报）。

（2）二次设备组人员检查本站二次设备运行工况，主要检查本站监控机，相关保护屏保护动作情况并与监控机核对保护动作无误（110kV电站Ⅰ线111线路三段式接地距离Ⅰ段保护动作、四段零序方式保护零序Ⅰ段保护动作；三相一次重合闸动作）；记录保护动作情况，复归保护信号；打印机打印保护动作情况。

（3）一次设备组人员穿绝缘靴，戴绝缘手套、安全帽，到现场检查111断路器在合闸位置及相关设备均正常（检查110kVⅠ母线、111短路回路电气间隔设备均正常）。

（4）做好记录，汇报有关领导。

1.8.4　拓展提高

（1）距离保护是一种反应故障点至保护安装处之间的距离（或阻抗），并根据距离的远近而确定动作时间的一种保护装置。

（2）零序电流保护是一种由零序电流继电器和其他辅助元件构成的安全自动装置。它反应输电线路接地故障时零序电流增加，并动作于断路器跳闸（中性点不接地发信号）。

（3）到现场检查设备时，工作人员必须穿戴合格的安全用具。

任务1.9　110kV电站Ⅰ线111线路近端相间永久性故障（保护、断路器正确动作，重合闸投入）

1.9.1　任务分析

（1）当110kV电站Ⅰ线111线路近端相间永久性故障（保护、断路器正确动作，重合闸投入）时，由相间距离Ⅰ段保护动作跳开111断路器；三相一次重合闸动作；重合闸后加速保护动作，重合不成功。

（2）按照事故处理的基本原则及一般程序分析，110kV电站Ⅰ线111线路近端相间永久性故障（保护、断路器正确动作，重合闸投入）的基本处理思路为：一次设备组、二次设备组（每组检查人员不少于2人）分别对一、二次设备进行检查；将110kV电站Ⅰ线111线路隔离；安排110kV电站Ⅰ线111线路检修。

1.9.2　相关知识

（1）110kV电站Ⅰ线111线路的作用是将电能从110kVⅠ母线送给该线路所带负荷。

（2）110kV电站Ⅰ线111线路正常运行方式。

一次部分为：110kV电站Ⅰ线111线路将电能从110kVⅠ母线送给该线路所带负荷（111断路器合上，111-1、111-3隔离开关合上）；由Ⅰ#主变101断路器带110kVⅠ母线；母联115断路器在合闸位置，115-11、115-2隔离开关在合闸位置，110kVⅠ母线与110kVⅡ母线并列运行，Ⅰ#主变110kV中性点D10-1接地开关在断开位置；2#主变110kV中性点D20-1接地开关在合闸位置。

二次部分为：电站Ⅰ线111线路保护为WXH-811微机线路保护装置，配有三段式相间和接地距离，四段零序方式保护，三相一次重合闸；110kV母线保护为差动保护，配置了

WMH-800 微机母线保护装置。

1.9.3 任务实施

根据事故处理基本原则及一般程序，通过以上任务分析，正确写出 110kV 电站 Ⅰ 线 111 线路近端相间永久性故障（保护，断路器正确动作，重合闸投入）的处理步骤，并结合《电力安全工作规程》以及各级调度规程和其他的有关规定进行事故处理。

110kV 电站 Ⅰ 线 111 线路近端相间永久性故障（保护、断路器正确动作，重合闸投入）的处理步骤：

（1）记录时间，恢复警报；记录故障现象（一次系统接线图 0-1 显示的跳闸断路器位置信息 111 断路器变绿色闪光，相关表计指示 111 线路有功、无功、电流表指示均为 0；110kV Ⅰ 母线电压正常；告警信息窗显示的事故总信号；保护与重合闸动作信息；断路器跳闸信息），汇报调度及有关人员（5min 之内汇报）。

（2）二次设备组人员检查本站二次设备运行工况，主要检查本站监控机，相关保护屏保护动作情况并与监控机核对保护动作无误（110kV 电站 Ⅰ 线 111 线路三段式相间距离 Ⅰ 段保护动作；三相一次重合闸动作；重合闸后加速保护动作）；记录保护动作情况，复归保护信号；打印机打印保护动作情况；复归 111 断路器手把停止闪光。

（3）一次设备组人员穿绝缘靴，戴绝缘手套、安全帽，到现场检查跳闸断路器 111 断路器在分闸位置及相关设备（检查 110kV Ⅰ 母线、111 短路回路电气间隔设备均正常）。

（4）向调度汇报故障情况，请示是否试合 111 断路器及下一步处理。

（5）试合时，又出现上述现象；汇报调度，重复（1）～（3）步的处理。

（6）调度令，隔离故障线路 110kV 电站 Ⅰ 线 111 线路（检查 111 断路器在分闸位置；拉开 111-3 隔离开关，检查 111-3 隔离开关在分闸位置）。

（7）做好记录，将情况汇报调度和有关领导，将 110kV 电站 Ⅰ 线 111 线路转入检修状态，安排 110kV 电站 Ⅰ 线 111 线路检修（在电站 Ⅰ 线 111 线路 111-3 隔离开关线路侧验电确无电压，合上电站 Ⅰ 线 111 线路 111-D3 接地开关；在电站 Ⅰ 线 111 线路 111-3 隔离开关操作手把及 111 断路器控制开关 KK 手把上悬挂"禁止合闸，线路有人工作！"标示牌）。

（8）将上述情况汇报调度及有关人员，同时准备好电站 Ⅰ 线 111 线路送电的操作票。

1.9.4 拓展提高

（1）在 110kV 电站 Ⅰ 线 111 线路近端相间永久性故障（保护，断路器正确动作，重合闸投入）的事故处理过程中，必须在检查 111 断路器及相关设备均正常后，经调度同意才能试合 111 断路器进行强送电，试合不成功，表明试合在永久性故障的线路上，不允许第二次试合，否则会造成设备损坏，扩大故障。

（2）三段式距离保护中各主要元件的作用。

1）电压二次回路断线闭锁元件：出现电压二次回路断线时，将阻抗保护闭锁。

2）启动元件：当被保护线路发生故障时，电流继电器或阻抗继电器立即启动。

3）测量元件：阻抗继电器用来测量故障点至保护安装处之间的阻抗大小（或距离的长短）。

4）振荡闭锁元件：正常运行或系统振荡时，闭锁保护装置。

5）时间元件：根据保护间配合的需要，为满足选择性由时间继电器设置必要的延时。

（3）到现场检查设备时，工作人员必须穿戴合格的安全用具。

任务 1.10　110kV 电站Ⅰ线 111 线路侧带电误合接地开关 111-D3，造成相间故障（线路保护拒动）

1.10.1　任务分析

(1) 当 110kV 电站Ⅰ线 111 线路侧带电误合接地开关 111-D3，造成相间故障（线路保护拒动）时，由Ⅰ♯主变Ⅰ屏、Ⅱ屏及Ⅱ♯主变Ⅰ屏、Ⅱ屏 110kV 复压方向过电流保护 1 时限动作跳母联 115 断路器；由Ⅰ♯主变Ⅰ屏、Ⅱ屏 110kV 复压方向过电流保护 2 时限动作跳Ⅰ♯主变 110kV 本侧 101 断路器切除故障。

(2) 按照事故处理的基本原则及一般程序分析，110kV 电站Ⅰ线 111 线路侧带电误合接地开关 111-D3，造成相间故障（线路保护拒动）的基本处理思路为：一次设备组、二次设备组（每组检查人员不少于 2 人）分别对一、二次设备进行检查；将 110kV 电站Ⅰ线 111 线路及接地开关 111-D3 隔离；恢复母联 115 断路器、1♯主变 101 断路器、电站三线 113 断路器供电；安排 110kV 电站Ⅰ线 111 线路接地开关 111-D3 检修；检查 110kV 电站Ⅰ线 111 线路保护拒动的原因。

1.10.2　相关知识

(1) 110kV 电站Ⅰ线 111 线路的作用是将电能从 110kVⅠ母线送给该线路所带负荷。

(2) 110kV 电站Ⅰ线 111 线路正常运行方式。

一次部分为：110kV 电站Ⅰ线 111 线路将电能从 110kVⅠ母线送给该线路所带负荷（111 断路器合上，111-1、111-3 隔离开关合上）；由Ⅰ♯主变 101 断路器带 110kV 1 母线；母联 115 断路器在合闸位置，115-11、115-2 隔离开关在合闸位置，110kVⅠ母线与 110kVⅡ母线并列运行，Ⅰ♯主变 110kV 中性点 D10-1 接地开关在断开位置；Ⅱ♯主变 110kV 中性点 D20-1 接地开关在合闸位置。

二次部分为：电站Ⅰ线 111 线路保护为 WXH-811 微机线路保护装置，配有三段式相间和接地距离，四段零序方式保护，三相一次重合闸；110kV 母线保护为差动保护，配置了 WMH-800 微机母线保护装置；Ⅰ♯、Ⅱ♯主变压器配置两套保护，主变压器保护Ⅰ屏为 WBH-801（集成了一台变压器的全部主后备电气量保护）和 WBH-802（集成了变压器的全部非电量类保护）微机变压器保护装置，并配有 FCZ-832S 高压侧断路器操作箱（含电压切换），完成主变的一套电气量保护、非电量保护和高压侧的操作回路及电压切换回路功能；主变压器保护Ⅱ屏为 WBH-801 微机变压器保护装置，并配有 FCZ-813S 中压侧和低压断路器操作箱（含中压侧电压切换），ZYQ-812 高压侧电压切换箱，完成主变的第二套电气量保护和中、低压侧的操作回路及高中压侧电压切换回路功能。其中，电气量保护有：差动保护；220kV 复压（方向）过电流，220kV 零序电流保护（零序方向Ⅰ段、零序方向Ⅱ段、零序方向过电流、中性点零序过电流），220kV 间隙保护；110kV 复压（方向）过电流，110kV 零序电流保护（零序方向Ⅰ段、零序方向Ⅱ段、零序方向过电流、中性点零序过电流）；10kV 复压（方向）过电流。

1.10.3　任务实施

根据事故处理基本原则及一般程序，通过以上任务分析，正确写出 110kV 电站Ⅰ线 111 线路侧带电误合地接地开关 111-D3，造成相间故障（线路保护拒动）的处理步骤，并结合《电力安全工作规程》以及各级调度规程和其他的有关规定进行事故处理。

110kV电站工线111线路侧带电误合接地开关111-D3，造成相间故障（线路保护拒动）的处理步骤：

（1）记录时间，恢复警报；记录故障现象（一次系统接线图0-1显示的跳闸断路器位置信息101、115断路器变绿色闪光，相关表计指示111、101、115回路有功、无功、电流表指示均为0；110kVⅠ母线失压，110kVⅠ母线电压表指示为0；告警信息窗显示的事故总信号；保护与重合闸动作信息；断路器跳闸信息），汇报调度及有关人员（5min之内汇报）。

（2）二次设备组人员检查本站二次设备运行工况，主要检查本站监控机，相关保护屏保护动作情况并与监控机核对保护动作无误（110kV电站Ⅰ线111线路保护未动作；Ⅰ#主变Ⅰ屏、Ⅱ屏及2#主变Ⅰ屏、Ⅱ屏110kV复压方向过电流保护1时限动作；Ⅰ#主变Ⅰ屏、Ⅱ屏110kV复压方向过电流保护2时限动作）；记录保护动作情况，复归保护信号；打印机打印保护动作情况；复归101、115断路器手把停止闪光。

（3）一次设备组人员穿绝缘靴，戴绝缘手套、安全帽，到现场检查跳闸断路器101、115断路器在分闸位置，111断路器在合闸位置，检查110kVⅠ母线及相关设备（检查110kVⅠ母线、111短路回路电气间隔其他设备均正常，接地开关111-D3损坏严重）。

（4）向调度汇报故障情况，从调度处得知故障为111线路带电误合接地开关111-D3。

（5）调度令，隔离故障线路110kV电站Ⅰ线111线路接地开关111-D3（将110kV母差保护非选择手把切至投入位置，拉开111断路器，检查111断路器在分闸位置；解锁拉开111-1隔离开关，检查111-1隔离开关在分闸位置；拉开111-D3接地开关已损坏）。

（6）恢复110kVⅠ母线、101断路器供电（拉开113断路器；投入110kV母线充电保护连接片；合上115母联断路器；解除110kV母线充电保护连接片；合上101断路器；将110kV母差保护非选择手把切至解除位置）。

（7）经调度同意合上113断路器，恢复113线路供电。

（8）将110kV电站Ⅰ线111线路接地开关111-D3转入检修状态，安排110kV电站Ⅰ线111线路接地开关111-D3检修（在电站Ⅰ线111线路111-3隔离开关断路器侧验电确无电压，合上电站Ⅰ线111线路111-D2接地刀闸；在电站Ⅰ线111线路111-1隔离开关操作手把及111断路器控制开关手把上悬挂"禁止合闸，线路有人工作!"标示牌）及检查电站Ⅰ线111线路保护拒动原因。

（9）将上述情况汇报调度及有关人员，同时准备好电站Ⅰ线111线路送电的操作票。

1.10.4 拓展提高

（1）在110kV电站Ⅰ线111线路侧带电误合接地开关111-D3，造成相间故障（线路保护拒动）的事故处理过程中，111线路保护拒动无法切除故障（111断路器仍在合闸位置），此时，将由上一级保护（Ⅰ#、Ⅱ#主变均配置有双主双后备保护）Ⅰ#主变Ⅰ屏、Ⅱ屏及Ⅱ#主变Ⅰ屏、Ⅱ屏110kV复压方向过电流保护1时限动作跳115母联断路器；由Ⅰ#主变Ⅰ屏、Ⅱ屏110kV复压方向过电流保护2时限动作跳Ⅰ#主变110kV本侧101断路器切除故障。

（2）到现场检查设备时，工作人员必须穿戴合格的安全用具。

任务 1.11   220kV 电厂Ⅰ线 221 线路近端 A 相瞬时性故障（保护、断路器动作正确，单重运行）

1.11.1   任务分析

（1）当 220kV 电厂Ⅰ线 221 线路近端 A 相瞬时性故障（保护、断路器动作正确，单重运行）时，由 220kV 电厂Ⅰ线保护Ⅰ屏光纤分相差动保护动作，接地距离Ⅰ段动作，零序电流Ⅰ段动作，A 相跳开，重合闸动作，重合 A 相成功；220kV 电厂Ⅰ线保护Ⅱ屏：纵联分相差动保护动作，接地距离Ⅰ段动作，零序电流Ⅰ段动作，A 相跳开，重合闸动作，重合 A 相成功。

（2）按照事故处理的基本原则及一般程序分析，220kV 电厂Ⅰ线 221 线路近端 A 相瞬时性故障（保护、断路器动作正确，单重运行）的基本处理思路为：一次设备组、二次设备组（每组检查人员不少于 2 人）分别对一、二次设备进行检查；220kV 电厂Ⅰ线 221 线路近端 A 相瞬时性故障后恢复正常运行。

1.11.2   相关知识

（1）220kV 电厂Ⅰ线 221 线路的作用是将电能从 220kVⅠ母线由该线路送至对方负荷。

（2）220kV 电厂Ⅰ线 221 线路正常运行方式。

一次部分为：220kV 电厂Ⅰ线 221 线路将电能从 220kVⅠ母线由该线路送至对方负荷（221 断路器合上，221-1、221-3 合上）；Ⅰ#主变 201 断路器接 220kVⅠ#母线；225 母联断路器在合闸位置，225-1、225-2 隔离开关均在合闸位置，220kVⅠ母线与 220kVⅡ母线并列运行，Ⅰ#主变 220kV 中性点 D10-2 接地开关在断开位置；Ⅱ#主变 220kV 中性点 D20-2 接地开关在合闸位置。

二次部分为：电厂Ⅰ线 221 线路保护配置两套保护。220kV 线路保护Ⅰ屏为 CSL101D 数字式线路保护装置，配有专用光纤通道的光纤分相差动保护，三段式相间和接地距离，四段零序方向保护，失灵启动，三相不一致保护，充电保护，综合重合闸，故障录波，电压切换箱，分相操作箱；220kV 线路保护Ⅱ屏为 CSL-103B 数字式线路保护装置，配有纵联分相差动保护，三段式相间和接地距离，四段零序方向保护，电压切换箱，采用高频载波通道传送保护信号。实现了双主、双后备的保护配置原则。220kV 母线保护配置了两套差动保护，220kV 母差保护Ⅰ屏为 WMH-800 微机母线保护装置；220kV 母差保护Ⅱ屏为 WMZ-41B 微机母线保护装置。另外，配置了 220kV 失灵保护 WSL-200 微机母线失灵保护装置。

1.11.3   任务实施

根据事故处理基本原则及一般程序，通过以上任务分析，正确写出 220kV 电厂Ⅰ线 221 线路近端 A 相瞬时性故障（保护、断路器动作正确，单重运行）的处理步骤，并结合《电力安全工作规程》以及各级调度规程和其他的有关规定进行事故处理。

220kV 电厂Ⅰ线 221 线路近端 A 相瞬时性故障（保护、断路器动作正确、单重运行）的处理步骤：

（1）记录时间，恢复警报；记录故障现象（一次系统接线图 0-1 显示的跳闸断路器位置信息和相关表计指示：221 线路有功、无功、电流表指示均正常；220kVⅠ母线电压正常；告警信息窗显示的事故总信号；保护与重合闸动作信息；断路器跳闸信息），汇报调度及有关人员（5min 之内汇报）。

（2）二次设备组人员检查本站二次设备运行工况，主要检查本站监控机，相关保护屏保护动作情况并与监控机核对保护动作无误（电厂Ⅰ线保护Ⅰ屏：光纤分相差动保护动作，接地距离Ⅰ段动作，零序电流Ⅰ段动作，重合闸动作；220kV电厂Ⅰ线保护Ⅱ屏：纵联分相差动保护动作，接地距离Ⅰ段动作，零序电流Ⅰ段动作，重合闸动作）；记录保护动作情况，复归保护信号；打印机打印保护动作情况。

（3）一次设备组人员穿绝缘靴，戴绝缘手套、安全帽，到现场检查221断路器及相关设备均正常（检查220kVⅠ母线、短路回路电气间隔其他设备均正常）。

（4）做好记录，汇报有关领导。

1.11.4 拓展提高

（1）综合重合闸的重合闸方式有单相重合闸方式、三相重合闸方式、综合重合闸方式、综合重合闸停用方式。

1）单相重合闸方式功能：线路上发生单相故障时，只跳开故障相，然后进行单相重合；当重合到永久性单相故障，系统又不允许长期非全相运行时，则跳三相不再进行自动重合。线路上发生相间故障时，保护动作跳开三相不进行自动重合。

2）三相重合闸方式功能：线路上发生任何形式的故障时，均实行三相自动重合闸；当重合到永久性故障时，则跳三相不再进行自动重合。

3）综合重合闸方式功能：线路上发生单相故障时，只跳开故障相，实行单相自动重合闸；当重合到永久性单相故障，系统又不允许长期非全相运行时，则跳三相不再进行自动重合。线路上发生相间故障时，跳开三相，实行三相自动重合闸；当重合到永久性相间故障时，跳三相不再进行自动重合。

4）停用方式功能：线路上发生任何形式的故障时，保护动作均跳三相，不进行自动重合。此方式亦叫直跳方式。

（2）到现场检查设备时，工作人员必须穿戴合格的安全用具。

任务1.12 220kV电厂Ⅰ线运行中带电误合线路侧221-D3接地开关（221断路器拒动）

1.12.1 任务分析

（1）当220kV电厂Ⅰ线运行中带电误合线路侧221-D3接地开关（221断路器拒动）时，220kV电厂Ⅰ线保护1屏：距离Ⅰ段保护动作、光纤分相差动保护动作；2屏：距离Ⅰ段保护动作、纵联分相差动保护动作；因221断路器拒动，220kV失灵保护动作（失灵保护屏：A相失灵动作、B相失灵动作、C相失灵动作）跳开223、225、201断路器切除故障。

（2）按照事故处理的基本原则及一般程序分析，220kV电厂Ⅰ线运行中带电误合线路侧221-D3接地开关（221断路器拒动）的基本处理思路为：一、二次设备组（每组检查人员不少于2人）分别对一、二次设备进行检查；将220kV电厂Ⅰ线221线路及221-D3接地开关和拒动断路器221断路器隔离；恢复220kVⅠ母线、Ⅰ♯主变201断路器、223线路供电；将221-D3接地开关和拒动断路器221断路器转检修。

1.12.2 相关知识

（1）220kV电厂Ⅰ线221线路的作用是将电能从220kVⅠ母线由该线路送至对方负荷。

（2）220kV电厂Ⅰ线221线路正常运行方式。

　　一次部分为：220kV 电厂Ⅰ线 221 线路将电能从 220kVⅠ母线由该线路送至对方负荷（221 断路器合上，221-1、221-3 隔离开关合上）；Ⅰ♯主变 201 断路器接 220kVⅠ母线；母联 225 断路器在合闸位置，225-1、225-2 隔离开关均在合闸位置，220kVⅠ母线与 220kVⅡ母线并列运行，Ⅰ♯主变 220kV 中性点 D10-2 接地开关在断开位置；Ⅱ♯主变 220kV 中性点 D20-2 接地开关在合闸位置。

　　二次部分为：电厂Ⅰ线 221 线路保护配置两套保护。220kV 线路保护Ⅰ屏为 CSL101D 数字式线路保护装置，配有专用光纤通道的光纤分相差动保护，三段式相间和接地距离，四段零序方向保护，失灵启动，三相不一致保护，充电保护，综合重合闸，故障录波，电压切换箱，分相操作箱；220kV 线路保护Ⅱ屏为 CSL-103B 数字式线路保护装置，配有纵联分相差动保护，三段式相间和接地距离，四段零序方向保护，电压切换箱，采用高频载波通道传送保护信号。实现了双主、双后备的保护配置原则。220kV 母线保护配置了两套差动保护，220kV 母差保护Ⅰ屏为 WMH-800 微机母线保护装置；220kV 母差保护Ⅱ屏为 WMZ-41B 微机母线保护装置。另外，配置了 220kV 失灵保护 WSL-200 微机母线失灵保护装置。

1.12.3　任务实施

　　根据事故处理基本原则及一般程序，通过以上任务分析，正确写出 220kV 电厂Ⅰ线运行中带电误合线路侧 221-D3 接地开关（221 断路器拒动）的处理步骤，并结合《电力安全工作规程》以及各级调度规程和其他的有关规定进行事故处理。

　　220kV 电厂Ⅰ线运行中带电误合线路侧 221 D3 接地开关（221 断路器拒动）的处理步骤：

　　(1) 记录时间，恢复警报；记录故障现象（一次系统接线图 0-1 显示的跳闸断路器位置信息 223、225、201 断路器变绿色闪光，相关表计指示 221 线路有功、无功、电流表指示均为 0；223、225、201 断路器回路有功、无功、电流表指示均为 0；220kVⅠ母线失压，220kVⅠ母线电压表指示为 0；告警信息窗显示的事故总信号；保护与重合闸动作信息；断路器跳闸信息），汇报调度及有关人员（5min 之内汇报）。

　　(2) 二次设备组人员检查本站二次设备运行工况，主要检查本站监控机，相关保护屏保护动作情况并与监控机核对保护动作无误（220kV 电厂Ⅰ线保护Ⅰ屏：距离Ⅰ段保护动作、光纤分相差动保护动作；Ⅱ屏：距离Ⅰ段保护动作、纵联分相差动保护动作；220kV 失灵保护动作：A 相失灵动作、B 相失灵动作、C 相失灵动作；故障录波动作）；记录保护动作情况，复归保护信号；打印机打印保护动作情况；复归 223、225、201 手把停止闪光。

　　(3) 一次设备组人员穿绝缘靴、戴绝缘手套、安全帽，到现场检查跳闸断路器 223、225、201 断路器实际位置在分闸位置；拒跳断路器 221 断路器未掉仍在合闸位置；检查 223、225、201 断路器、220kVⅠ母线及相关设备均正常（220kVⅠ母线、短路回路电气间隔其他设备均正常，221-D3 接地开关烧损严重）。

　　(4) 向调度汇报故障情况，根据上述情况判断为误合 221-D3 接地开关，221 断路器拒动。

　　(5) 调度令，隔离故障线路 220kV 电厂Ⅰ线 221 线路 221-D3 接地开关和拒动断路器 221 断路器（将 220kV 母差保护非选择手把切至投入位置；试拉 221 断路器，不能拉开；解锁拉开 221-1 隔离开关，检查 221-1 隔离开关在分闸位置；拉开 221-D3 接地开关已损坏）。

　　(6) 恢复 220kVⅠ母线、201 断路器供电（投入 220kV 母线充电保护连接片；合上母联

225 断路器；解除 220kV 母联充电保护连接片；合上 201 断路器；将 220kV 母差保护非选择手把切至解除位置）。

（7）经调度同意合上 223 断路器，恢复 223 线路供电。

（8）将 220kV 电厂Ⅰ线 221 线路 221-D3 接地开关和拒动断路器 221 断路器转检修状态，安排 221-D3 接地开关和拒动断路器 221 断路器检修（在电厂Ⅰ线 221 线路 221-3 隔离开关断路器侧验电确无电压，合上 221-D2 接地开关；在电厂Ⅰ线 221 线路 221-1 隔离开关断路器侧验电确无电压，合上 221-D1 接地开关；拉开电厂Ⅰ线 221 断路器油泵电源开关；拉开电厂Ⅰ线 221 断路器电热电源开关；拉开电厂Ⅰ线 221 断路器信号电源开关；取下电厂Ⅰ线 221 断路器控制熔断器；在电厂Ⅰ线 221 线路 221-1 隔离开关操作手把上悬挂"禁止合闸，线路有人工作！"标示牌）。

（9）将上述情况汇报调度及有关人员，同时准备好 220kV 电厂Ⅰ线 221 线路送电的操作票。

1.12.4　拓展提高

（1）高频保护：为快速切除高压输电线路上任一点的短路故障，将线路两端的电气量转化为高频信号，然后利用高频通道，将此信号送到对端进行比较，决定保护是否动作，这种保护称为高频保护。

常见高频保护：高频闭锁方向保护、高频闭锁距离保护、高频闭锁零序电流保护等。

（2）在 220kV 电厂Ⅰ线运行中带电误合线路侧 221-D3 接地开关（断路器拒动）的事故处理过程中，虽然 220kV 电厂Ⅰ线保护正确动作，但因 221 断路器拒动，由 220kV 失灵保护动作跳开 223、225、201 断路器切除故障，使停电范围扩大。

（3）到现场检查设备时，工作人员必须穿戴合格的安全用具。

任务二　变电站母线事故处理

变电站母线的作用是汇集电能和分配电能。220kV 双母线接线变电站一次系统接线图见图 0-1，当 220kV 母线发生故障时，电能则无法从发电厂或其他变电站把电能送给 220kV 母线，220kV 母线也无法将电能送给 220kV 各线路或主变压器；当 110、10kV 母线发生故障时，电能则无法从该变电站送给 110、10kV 各线路用户。下面介绍变电站母线事故处理。

任务 2.1　10kVⅠ母线相间永久性故障（保护、断路器动作正确，分段自投不成功）

2.1.1　任务分析

（1）当 10kVⅠ母线相间永久性故障（保护、断路器动作正确，分段自投不成功）时，由Ⅰ#主变Ⅰ屏、Ⅱ屏 10kV 复压方向过电流保护 2 时限动作跳Ⅰ#主变 10kV 本侧 001 断路器切除故障；此时，10kVⅠ母线失压，10kVⅠ母线电容器组低电压保护动作跳开电容 011 断路器；与此同时，10kV 分段自投动作，自投在相间永久性故障的 10kVⅠ母线，10kV 016 分段断路器后加速保护动作，分段自投不成功。

（2）按照事故处理的基本原则及一般程序分析，10kVⅠ母线相间永久性故障（保护、断路器动作正确，分段自投不成功）的基本处理思路为：一次设备组、二次设备组（每组检查人员不少于 2 人）分别对一、二次设备进行检查；将 10kVⅠ母线故障隔离；安排 10kVⅠ母线检修。

2.1.2　相关知识

（1）10kVⅠ母线的主要作用是汇集Ⅰ♯主变 10kV 电能，然后将电能由 10kVⅠ母线分配给各线路所带负荷。

（2）10kVⅠ母线的正常运行方式。

一次部分为：Ⅰ♯主变 001 断路器带Ⅰ母线；Ⅰ母线将电能分配给 10kV 纺织线、交通线、轻工线、Ⅰ♯站用变负荷，并接有 10kV 电容器Ⅰ；10kV 侧为单母线分段运行方式，10kVⅠ母线、Ⅱ母线分列运行，016 分段断路器已拉开，016-1、016-2 隔离开关在合闸位置。Ⅰ♯站用变通过 015 断路器与 10kVⅠ母线相连，低压侧通过 381 断路器与低压Ⅰ母线相连；Ⅱ♯站用变通过 021 断路器与 10kVⅡ母线相连，低压侧通过 382 断路器与低压Ⅱ母线相连；Ⅰ♯、Ⅱ♯站用变低压侧为单母线分断接线，低压Ⅰ、Ⅱ母线分段断路器 312 断路器已拉开（热备用状态）。

二次部分为：10kVⅠ母线所带 10kV 配电线路保护为电流速断、过电流及三相一次重合闸；电容器组保护为低电压、过电压、过电流和零序平衡保护；10kV 分段 016 断路器断开，自投运行；Ⅰ♯主变压器配置两套保护，主变压器保护Ⅰ屏为 WBH-801（集成了一台变压器的全部主后备电气量保护）和 WBH-802（集成了变压器的全部非电量类保护）微机变压器保护装置，并配有 FCZ-832S 高压侧断路器操作箱（含电压切换），完成主变的一套电气量保护、非电量保护和高压侧的操作回路及电压切换回路功能；主变压器保护Ⅱ屏为 WBH-801 微机变压器保护装置，并配有 FCZ-813S 中压侧和低压断路器操作箱（含中压侧电压切换），ZYQ-812 高压侧电压切换箱，完成主变的第二套电气量保护和中、低压侧的操作回路及高中压侧电压切换回路功能。其中，电气量保护有：差动保护；220kV 复压（方向）过电流，220kV 零序电流保护（零序方向Ⅰ段、零序方向Ⅱ段、零序方向过电流、中性点零序过电流），220kV 间隙保护；110kV 复压（方向）过电流，110kV 零序电流保护（零序方向Ⅰ段、零序方向Ⅱ段、零序方向过电流、中性点零序过电流）；10kV 复压（方向）过电流。

（3）10kVⅠ母线的短路故障主要有单相接地、两相接地、两相短路、三相短路故障。

2.1.3　任务实施

根据事故处理基本原则及一般程序，通过以上任务分析，正确写出 10kVⅠ母线相间永久性故障（保护、断路器动作正确，分段自投不成功）的处理步骤，并结合《电力安全工作规程》以及各级调度规程和其他的有关规定进行事故处理。

10kVⅠ母线相间永久性故障（保护、断路器动作正确，分段自投不成功）的处理步骤：

（1）记录时间，恢复警报；记录故障现象（一次系统接线图 0-1 显示的跳闸断路器位置信息 001、011 断路器变绿色闪光，相关表计指示 001、011、016 断路器回路及 10kVⅠ母线所接负荷线路电流均显示 0 值；10kVⅠ母线失压，10kVⅠ母线电压表指示为 0；告警信息窗显示的事故总信号；保护与重合闸动作信息；断路器跳闸信息），汇报调度及有关人员（5min 之内汇报）。

（2）二次设备组人员检查本站二次设备运行工况，主要检查本站监控机，相关保护屏保护动作情况并与监控机核对保护动作无误〔Ⅰ♯主变Ⅰ屏：10kV 复压（方向）过电流保护

1 时限动作，10kV 复压（方向）过电流保护 2 时限动作；Ⅰ♯主变Ⅱ屏：10kV 复压（方向）过电流保护 1 时限动作，10kV 复压（方向）过电流保护 2 时限动作；10kVⅠ母线电容器组低电压保护动作；10kV 分段自投动作；10kV 016 分段断路器后加速保护动作]；记录保护动作情况，复归保护信号；复归 001、011 手把停止闪光。

（3）一次设备组人员穿绝缘靴，戴绝缘手套、安全帽，到现场检查跳闸断路器 001、011 在分闸位置，016 断路器在分闸位置，检查 001 断路器电气间隔及 10kVⅠ母线各设备，发现小动物造成母线短路，母线瓷瓶损坏多处，其他设备均无异常。

（4）汇报调度，隔离 10kVⅠ母线故障（拉开纺织线 010 断路器，拉开 010-1 隔离开关；拉开电容器Ⅰ 011-1 隔离开关；拉开交通线 012 断路器，拉开 012-1 隔离开关；拉开轻工线 014 断路器，拉开 014-1 隔离开关；拉开Ⅰ♯站用变低压侧 381 断路器，合上低压侧 312 分段断路器，检查低压站用Ⅰ♯母线电压表指示正常，拉开Ⅰ♯站用变高压侧 015 断路器，拉开Ⅰ♯站用变 015-1 隔离开关）；（解除 016 分段断路器自投连接片；拉开 016-1 隔离开关；解除Ⅰ♯主变 10kV 复合电压启动连接片，拉开 001-1 隔离开关；取下 10kVⅠ♯母线电压互感器二次侧熔断器；拉开 10kVⅠ母线电压互感器 P01-1 隔离开关）。

（5）将 10kVⅠ母线转入检修状态在（10kV 纺织线 010-1 隔离开关母线侧验电确无电压，在 10kV 纺织线 010-1 隔离开关母线侧挂上 1♯接地线；在 10kV 分段 016-1 隔离开关母线侧验电确无电压，在 10kV 分段 016-1 隔离开关母线侧挂上 2♯接地线）。

（6）将上述情况汇报调度及有关人员，同时准备好 10kVⅠ母线送电的操作票。

2.1.4 拓展提高

（1）在 10kVⅠ母线相间永久性故障（保护、断路器动作正确，分段自投不成功）的事故处理过程中，因 10kVⅠ母线无专用母线保护，由Ⅰ♯主变 10kV 复压（方向）过电流保护 2 时限动作跳开 001 断路器切除故障；此时，10kV 016 分段断路器自投在相间永久性故障的 10kVⅠ母线上，016 分段断路器自投不成功，导致 10kVⅠ母线仍失压。

（2）母线故障的原因有：母线绝缘子和断路器套管的闪络，装于母线上的电压互感器和装在母线和断路器之间的电流互感器故障，母线隔离开关和断路器的支持绝缘子损坏，运行人员的误操作等。

（3）到现场检查设备时，工作人员必须穿戴合格的安全用具。

任务 2.2 110kVⅠ母线相间永久故障（保护，断路器正确动作）

2.2.1 任务分析

（1）当 110kVⅠ母线相间永久性故障（保护、断路器正确动作）时，110kVⅠ母线差动保护动作跳开 101、115、111、113 断路器切除故障；此时，110kVⅠ母线失压。

（2）按照事故处理的基本原则及一般程序分析，110kVⅠ母线相间永久性故障（保护、断路器正确动作）的基本处理思路为：一次设备组、二次设备组（每组检查人员不少于 2 人）分别对一、二次设备进行检查；将 110kVⅠ母线故障隔离；恢复 101、115、111、113 断路器供电；安排 110kVⅠ母线检修。

2.2.2 相关知识

（1）110kVⅠ母线的主要作用是汇集Ⅰ♯主变 110kV 电能，然后将电能由 110kVⅠ母线分配给各线路所带负荷。

（2）110kVⅠ母线的正常运行方式。

一次部分为：Ⅰ♯主变101断路器带Ⅰ母线；Ⅰ母线将电能分配给110kV电站Ⅰ线111断路器、电站Ⅲ线113断路器；母联115断路器、115-11、115-2隔离开关在合闸位置；Ⅰ♯主变110kV中性点D10-1接地开关在断开位置；Ⅱ♯主变110kV中性点D20-1接地开关在合闸位置。

二次部分为：电站Ⅰ线111、电站Ⅲ线113线路保护为WXH-811微机线路保护装置，配有三段式相间和接地距离，四段零序方式保护，三相一次重合闸；110kV母线保护为差动保护，配置了WMH-800微机母线保护装置。

（3）110kVⅠ母线的短路故障主要有单相接地、两相接地、两相短路、三相短路故障。

2.2.3　任务实施

根据事故处理基本原则及一般程序，通过以上任务分析，正确写出110kVⅠ母线相间永久性故障（保护、断路器正确动作）的处理步骤，并结合《电力安全工作规程》以及各级调度规程和其他的有关规定进行事故处理。

110kVⅠ母线相间永久性故障（保护、断路器正确动作）的处理步骤：

（1）记录时间，恢复警报；记录故障现象（一次系统接线图0-1显示的跳闸断路器位置信息101、115、111、113断路器变绿色闪光，相关表计指示101、115、111、113断路器回路有功、无功、电流均显示0值；110kVⅠ母线失压，110kVⅠ母线电压表指示为0；告警信息窗显示的事故总信号；保护与重合闸动作信息；断路器跳闸信息），汇报调度及有关人员（5min之内汇报）。

（2）二次设备组人员检查本站二次设备运行工况，主要检查本站监控机，相关保护屏保护动作情况并与监控机核对保护动作无误（110kVⅠ母线差动保护动作）；记录保护动作情况，复归保护信号；复归101、115、111、113断路器手把停止闪光。

（3）一次设备组人员穿绝缘靴，戴绝缘手套、安全帽，到现场检查跳闸断路器101、115、111、113断路器在分闸位置，检查110kVⅠ母线及相关设备（101、115、111、113各电气间隔设备），发现110kVⅠ母线A、B相各一个瓷瓶闪络，其他设备均无异常。

（4）汇报调度，隔离110kVⅠ母线故障（将110kV母差保护非选择手把切至投入位置；拉开111-1、113-1、101-1隔离开关，拉开115-11、115-2隔离开关，拉开110kVⅠ母线电压互感器P11二次侧自动空气开关，检查110kVⅠ母线电压互感器P11二次侧自动空气开关已拉开；拉开110kVⅠ母线电压互感器P11二次侧隔离开关，检查110kVⅠ母线电压互感器P11二次侧隔离开关在分闸位置；拉开110kVⅠ母线电压互感器P11-1隔离开关，检查110kVⅠ母线电压互感器P11-1隔离开关在分闸位置）。

（5）汇报调度，恢复101、111、113断路器回路供电（合上101-2、111-2、113-2隔离开关；合上101断路器；经调度同意合上111、113断路器）。

（6）将110kVⅠ母线转入检修状态（解除110kV母差保护Ⅰ母线复合电压启动连接片；在110kVⅠ母线D11-1接地开关母线侧验电确无电压，合上110kVⅠ母线D11-1接地开关；在110kVⅠ母线D11-2接地开关母线侧验电确无电压，合上110kVⅠ母线D11-2接地开关）。

（7）将上述情况汇报调度及有关人员，同时准备好110kVⅠ母线送电的操作票。

2.2.4　拓展提高

（1）母线保护配置原则：对于不太重要的母线，可利用母线上其他供电元件的后备保护作为母线保护。利用供电元件的后备保护来切除故障母线,简单、经济,但切除故障的时间长。因此,对于重要的母线应根据"规程"要求设置专用的母线保护。为满足快速性和选择性的要求,母线保护广泛采用差动保护原理构成。

(2)到现场检查设备时,工作人员必须穿戴合格的安全用具。

任务 2.3 220kV I 母线 A 相永久故障(母差保护拒动)

2.3.1 任务分析

(1)当 220kV I 母线 A 相永久故障(母差保护拒动)时,由 II # 主变 I 屏、II 屏高压侧零序方向过电流保护动作跳开母联 225 断路器;由 I # 主变 I、II 屏 220kV 间隙保护动作跳开 I # 主变三侧 201、101、001 断路器;此时,10kV I 母线失压,10kV I 母线电容器组低电压保护动作跳开电容器 I 011 断路器;与此同时,10kV 分段自投动作,10kV 分段自投成功;10kV I 母线恢复供电。

(2)按照事故处理的基本原则及一般程序分析,220kV I 母线 A 相永久故障(母差保护拒动)的基本处理思路为:一次设备组、二次设备组(每组检查人员不少于 2 人)分别对一、二次设备进行检查;将 220kV I 母线故障隔离;恢复 225、201、101、001 断路器供电;恢复 10kV 016 分段断路器正常运行;恢复 221、223 断路器回路供电;根据电压情况决定是否投入 011 断路器恢复电容器 I 运行;安排 220kV I 母线检修。

2.3.2 相关知识

(1)220kV I 母线的主要作用是汇集 220kV 电厂 I 线电能,然后将部分 220kV 电压等级的电能经 I # 主变降压变成 110、10kV 电压等级的电能分别送给 110、10kV 母线各线路所带负荷,以及将部分 220kV 电压等级的电能送给 220kV 其他线路。

(2)220kV I 母线的正常运行方式。

一次部分为:电厂 I 线 221、电源 I 线 223、I # 主变 201 在 I 母线;电厂 II 线 222、电源 II 线 224、II # 主变 202 在 II 母线;225 母联断路器、225-1、225-2 隔离开关均在合闸位置;I # 主变 220kV 中性点 D10-2 接地开关在断开位置;II # 主变 220kV 中性点 D20-2 接地开关在合闸位置。

二次部分为:220kV 母线保护为差动保护,配置了两套保护。220kV 母差保护 I 屏为 WMH-800 微机母线保护装置,配有比率制动特性的电流差动保护,复合电压闭锁,母联(分段)充电保护,断路器失灵保护,母联失灵死区保护,TA 断线闭锁及告警,TV 断线告警;220kV 母差保护 II 屏为 WMZ-41B 微机母线保护装置,配有电流差动保护,复合电压闭锁,母联断路器失灵(死区)保护及充电保护,断路器失灵保护,TA 断线闭锁及告警,TV 断线告警,直流稳压消失监视;I、II # 主变压器各配置两套保护,主变压器保护 I 屏为 WBH-801(集成了一台变压器的全部主后备电量保护)和 WBH-802(集成了变压器的全部非电量类保护)微机变压器保护装置,并配有 FCZ-832S 高压侧断路器操作箱(含电压切换),完成主变的一套电量保护、非电量保护和高压侧的操作回路及电压切换回路功能;主变压器保护 II 屏为 WBH-801 微机变压器保护装置,并配有 FCZ-813S 中压侧和低压断路器操作箱(含中压侧电压切换),ZYQ-812 高压侧电压切换箱,完成主变的第二套电量保护和中、低压侧的操作回路及高中压侧电压切换回路功能。其中,电量保护有:差动保护;220kV 复压(方向)过电流,220kV 零序电流保护(零序方向 I 段、零序方向 II 段、零序方向过电流、中性点零序过电流），220kV 间隙保护；110kV 复压（方向）过电流，110kV 零序电流保护（零序方向Ⅰ段、零序方向Ⅱ段、零序方向过电流、中性点零序过电流）；10kV 复压（方向）过电流。

（3）220kVⅠ母线的短路故障主要有单相接地、两相接地、两相短路、三相短路故障。

2.3.3　任务实施

根据事故处理基本原则及一般程序，通过以上任务分析，正确写出 220kVⅠ母线 A 相永久故障（母差保护拒动）的处理步骤，并结合《电力安全工作规程》以及各级调度规程和其他的有关规定进行事故处理。

220kVⅠ母线 A 相永久故障（母差保护拒动）的处理步骤：

（1）记录时间，恢复警报；记录故障现象（一次系统接线图 0 - 1 显示的跳闸断路器位置信息 225、201、101、001、011 断路器变绿色闪光，相关表计指示 225、201、101、001、011 断路器回路有功、无功、电流均显示 0 值；合闸断路器位置信息 016 断路器变红色闪光，表计指示 016 断路器回路电流显示正常；Ⅱ♯主变过负荷；220kVⅠ母线失压，220kVⅠ母线电压表指示为 0；11kVⅠ母线、10kVⅠ母线电压正常；告警信息窗显示的事故总信号；保护与重合闸动作信息；断路器跳闸信息），汇报调度及有关人员（5min 之内汇报）。

（2）二次设备组人员检查本站二次设备运行工况，主要检查本站监控机，相关保护屏保护动作情况并与监控机核对保护动作无误（Ⅱ♯主变Ⅰ屏、Ⅱ屏高压侧零序方向过电流保护动作；Ⅰ♯主变Ⅰ、Ⅱ屏 220kV 间隙保护动作）；记录保护动作情况，复归保护信号；复归 225、201、101、001、011、016 断路器手把停止闪光。

（3）一次设备组人员穿绝缘靴，戴绝缘手套、安全帽，到现场检查跳、合闸断路器 225、201、101、001、011 断路器在分闸位置、016 断路器在合闸位置，检查 220kVⅠ母线、Ⅰ♯主变及相关设备（220kVⅠ母线所带线路各电气间隔设备以及Ⅱ♯主变）；检查发现 220kVⅠ母线 A 相一串瓷瓶闪络，多片瓷裙碎裂，Ⅱ♯主变过负荷，其他设备均正常。

（4）汇报调度，隔离 220kVⅠ母线故障（拉开 221、223 断路器；拉开 221-1、223-1、201-1、225-1、225-2 隔离开关；拉开 220kVⅠ母线电压互感器 P21 二次侧自动空气开关，检查 220kVⅠ母线电压互感器 P21 二次侧自动空气开关在分闸位置；拉开 220kVⅠ母线电压互感器 P21 二次侧隔离开关，检查 220kVⅠ母线电压互感器 P21 二次侧隔离开关在分闸位置；拉开 220kVⅠ母线电压互感器 P21-1 隔离开关，检查 220kVⅠ母线电压互感器 P21-1 隔离开关在分闸位置）。

（5）汇报调度，恢复 201、101、001 断路器供电（合上 221-2、223-2、201-2 隔离开关；合上Ⅰ♯主变中性点 D10-2 接地开关；合上 201、101、001 断路器；拉开Ⅰ♯主变中性点 D10-2 接地开关）。

（6）汇报调度，恢复 10kV 016 分段断路器正常运行（拉开 10kV 016 分段断路器）。

（7）经调度同意，恢复 221、223 线路供电（合上 221、223 断路器）。

（8）汇报调度，根据电压情况决定是否投入电容器Ⅰ（是否合上 011 断路器）。

（9）将 220kVⅠ母线转入检修状态；在（解除 220kV 母差保护Ⅰ母线复合电压启动连接片；在 220kVⅠ母线 D21-1 接地开关母线侧验电确无电压，合上 D21-1 接地开关；在 220kVⅠ母线 D21-2 接地开关母线侧验电确无电压，合上 D21-2 接地开关）。

（10）将上述情况汇报调度及有关人员，同时准备好 220kVⅠ母线送电的操作票。

2.3.4 拓展提高

（1）主变零序保护由主变零序电流、主变零序电压、主变间隙零序电流元件构成，根据主变不同的接地方式分别设置如下三种保护形式，即中性点直接接地保护方式、中性点不接地保护方式、中性点经间隙接地保护方式。

中性点（有接地和不接地两种形式）装放电间隙的变压器接地短路的后备保护（220kV及以上），除装设两段式零序电流保护（有接地）外，再增设反应零序电压（不接地）和间隙放电电流的零序电压、电流保护。

（2）到现场检查设备时，工作人员必须穿戴合格的安全用具。

任务三　变电站主变压器事故处理

变压器是变电站的主要设备，变压器的主要作用是变换电压，传输电能。在电力系统中，电压经升压变压器升压后远距离输送可减少线路损耗，提高送电的经济性；降压变压器则能把高电压变为用户所需要的各级电压，满足用户需要。若变压器发生故障，用户则无法从变压器获取所需要的电压等级的电能。下面介绍变电站主变压器事故处理。

任务 3.1 Ⅰ♯主变内部相间故障（保护正确动作）

3.1.1 任务分析

（1）Ⅰ♯主变内部相间故障（保护正确动作）时，由Ⅰ♯主变Ⅰ屏、Ⅱ屏差动保护、本体重瓦斯保护动作跳开Ⅰ♯主变三侧 201、101、001 断路器；此时，10kVⅠ母线失压，10kVⅠ母线电容器组低电压保护动作跳开电容器Ⅰ011 断路器；与此同时，10kV 分段自投动作，10kV 分段自投成功；10kVⅠ母线恢复供电。

（2）按照事故处理的基本原则及一般程序分析，Ⅰ♯主变内部相间故障（保护正确动作）的基本处理思路为：一次设备组、二次设备组（每组检查人员不少于 2 人）分别对一、二次设备进行检查；将Ⅰ♯主变故障隔离；投入 011 断路器恢复电容器Ⅰ运行；安排Ⅰ♯主变检修。

3.1.2 相关知识

（1）Ⅰ♯主变的主要作用是将 220kVⅠ母线分配的 220kV 电压等级的电能经Ⅰ♯主变降压变成 110、10kV 电压等级的电能分别送给 110、10kV 母线各线路所带负荷。

（2）Ⅰ♯主变的正常运行方式。

一次部分为：Ⅰ♯主变 220kV 侧 201 在 220kVⅠ母线；母联 225 断路器、225-1、225-2 隔离开关均在合闸位置；Ⅰ♯主变 220kV 中性点 D10-2 接地开关在断开位置（2♯主变 220kV 中性点 D20-2 隔离开关在合闸位置）；Ⅰ♯主变 110kV 侧 101 断路器在 110kVⅠ♯母线；母联 115 断路器、115-11、115-2 隔离开关均在合闸位置；Ⅰ♯主变 110kV 中性点 D10-1 接地开关在断开位置（Ⅱ♯主变 110kV 中性点 D20-1 接地开关在合闸位置）；Ⅰ♯主变 10kV 侧 001 断路器带 10kVⅠ母线负荷；016 分段断路器已拉开，016-1、016-2 隔离开关在合闸位置。

二次部分为：Ⅰ♯主变压器配置两套保护。主变压器保护Ⅰ屏为 WBH-801（集成了一台变压器的全部主后备电量保护）和 WBH-802（集成了变压器的全部非电量类保护）微机变压器保护装置，并配有 FCZ-832S 高压侧断路器操作箱（含电压切换），完成主变的一套电量保护、非电量保护和高压侧的操作回路及电压切换回路功能；主变压器保护Ⅱ屏为 WBH-801 微机变压器保护装置，并配有 FCZ-813S 中压侧和低压断路器操作箱（含中压侧电压切换）、ZYQ-812 高压侧电压切换箱，完成主变的第二套电量保护和中、低压侧的操作回路及高中压侧电压切换回路功能。

其中，电量保护有：差动保护；220kV 复压（方向）过电流，220kV 零序电流保护（零序方向Ⅰ段、零序方向Ⅱ段、零序方向过电流、中性点零序过电流），220kV 间隙保护；110kV 复压（方向）过电流，110kV 零序电流保护（零序方向Ⅰ段、零序方向Ⅱ段、零序方向过电流、中性点零序过电流）；10kV 复压（方向）过电流。非电量保护有本体重瓦斯，调压重瓦斯，压力释放，冷却器故障，绕组温度，油温保护。

（3）变压器故障主要有：①油箱内故障：绕组的相间短路、接地短路、匝间短路以及铁心的烧损等；②油箱外故障：主要是套管和引出线上发生相间短路和接地短路。

3.1.3 任务实施

根据事故处理基本原则及一般程序通过，以上任务分析，正确写出Ⅰ#主变内部相间故障（保护正确动作）的处理步骤，并结合《电力安全工作规程》以及各级调度规程和其他的有关规定进行事故处理。

Ⅰ#主变内部相间故障（保护正确动作）的处理步骤：

（1）记录时间，恢复警报；记录故障现象（一次系统接线图 0-1 显示的跳闸断路器位置信息 201、101、001、011 断路器变绿色闪光，相关表计指示 201、101、001、011 断路器回路有功、无功、电流均显示 0 值；合闸断路器位置信息 016 断路器变红色闪光，表计指示 016 断路器回路电流显示正常；Ⅱ#主变过负荷；告警信息窗显示的事故总信号；保护与重合闸动作信息；断路器跳闸信息），汇报调度及有关人员（5min 之内汇报）。

（2）二次设备组人员检查本站二次设备运行工况，主要检查本站监控机，相关保护屏保护动作情况并与监控机核对保护动作无误（Ⅰ#主变Ⅰ屏、Ⅱ屏差动保护、本体重瓦斯保护动作；10kVⅠ母线电容器组低电压保护动作；10kV 分段自投动作）；记录保护动作情况，复归保护信号；复归 201、101、001、011、016 断路器手把停止闪光。

（3）一次设备组人员穿绝缘靴，戴绝缘手套、安全帽，到现场检查跳、合闸断路器 201、101、001、011 断路器在分闸位置，016 断路器在合闸位置，检查Ⅰ#主变及相关设备（Ⅰ#主变气体继电器内有气体，油位、油色有变化，油温明显升高，Ⅱ#主变过负荷，其他设备情况正常）。

（4）解除 10kV 分段自投连接片；投入Ⅱ#主变 10kV 复合电压过电流掉 10kV 分段断路器连接片。

（5）应用排水取气法从气体继电器中取出部分气体（剩余气体留给专业人员作进一步分析），观察气体颜色并对气体做点燃实验（气体可燃）。

（6）将Ⅰ#主变故障隔离。

（7）合上 011 断路器恢复电容器Ⅰ运行。

（8）将事故情况汇报调度及有关领导；向调度要求倒出部分负荷，以减轻Ⅱ#主变过负荷。

（9）将Ⅰ♯主变转入检修状态（拉开 201-1、101-1、001-1 隔离开关；在Ⅰ♯主变 201-3 隔离开关主变侧验电确无电压，合上Ⅰ♯主变 201-D3 接地开关；在Ⅰ♯主变 101-3 隔离开关主变侧验电确无电压，合上Ⅰ♯主变 101-D3 接地开关；在Ⅰ♯主变 001-3 隔离开关主变侧验电确无电压，在Ⅰ♯主变 001-3 隔离开关主变侧挂 1♯地线；拉开站用变Ⅰ♯主变 1 段风冷电源；拉开站用变Ⅰ♯主变 2 段风冷电源；拉开Ⅰ♯主变调压电源）。

（10）将上述情况汇报调度及有关人员，同时准备好Ⅰ♯主变送电的操作票。

3.1.4　拓展提高

（1）变压器纵差保护用来反应变压器绕组及其引出线上发生的各种故障，是比较被保护设备各侧电流的大小和相位的一种保护装置。

（2）变压器瓦斯保护：在油浸式变压器油箱内发生故障时，短路点电弧使变压器油及其他绝缘材料分解，产生气体（含有气体成分并夹杂有油流成分），从油箱向油枕流动，反应这种气流与油流而动作的保护称为瓦斯保护（气体保护）。

（3）到现场检查设备时，工作人员必须穿戴合格的安全用具。若为瓦斯保护动作，到现场检查变压器有无喷油、冒烟及漏油现象，主变气体继电器、压力释放阀、有载调压断路器有无异常，核实各侧断路器是否断开，主变各侧设备有无异常。

任务 3.2　Ⅱ♯主变 220kV 侧 C 相套管闪络（保护正确动作）

3.2.1　任务分析

（1）Ⅱ♯主变 220kV 侧 C 相套管闪络（保护正确动作）时，由Ⅱ♯主变Ⅰ屏、Ⅱ屏差动保护动作跳开Ⅱ♯主变三侧 202、102、002 断路器；此时，10kVⅡ母线失压，10kVⅡ母线电容器组低电压保护动作跳开电容器Ⅱ018 断路器；与此同时，10kV 分段自投动作，10kV 分段自投成功；10kVⅡ母线恢复供电。

（2）按照事故处理的基本原则及一般程序分析，Ⅱ♯主变 220kV 侧 C 相套管闪络（保护正确动作）的基本处理思路为：一次设备组、二次设备组（每组检查人员不少于 2 人）分别对一、二次设备进行检查；将Ⅱ♯主变故障隔离；投入 018 断路器恢复电容器Ⅱ运行；安排Ⅱ♯主变检修。

3.2.2　相关知识

（1）Ⅱ♯主变的主要作用是将 220kVⅡ母线分配的 220kV 电压等级的电能经Ⅱ♯主变降压变成 110、10kV 电压等级的电能分别送给 110kVⅡ、10kVⅡ母线各线路所带负荷。

（2）Ⅱ♯主变的正常运行方式。

一次部分为：Ⅱ♯主变 220kV 侧 202 在 220kVⅡ母线；母联 225 断路器、225-1、225-2 隔离开关均在合闸位置；Ⅱ♯主变 220kV 中性点 D20-2 接地开关在合闸位置（Ⅰ♯主变 220kV 中性点 D10-2 接地开关在断开位置）；Ⅱ♯主变 110kV 侧 102 在 110kVⅡ母线；母联 115 断路器、115-11、115-2 隔离开关均在合闸位置；Ⅱ♯主变 110kV 中性点 D20-1 接地开关在合闸位置（Ⅰ♯主变 110kV 中性点 D10-1 接地开关在断开位置）；Ⅱ♯主变 10kV 侧 002 断路器带 10kVⅡ♯母线负荷；016 分段断路器已拉开，016-1、016-2 隔离开关在合闸位置。

二次部分为：Ⅱ♯主变压器配置两套保护。主变压器保护Ⅰ屏为 WBH-801（集成了一台变压器的全部主后备电量保护）和 WBH-802（集成了变压器的全部非电量类保护）微机变压器保护装置，并配有 FCZ-832S 高压侧断路器操作箱（含电压切换），完成主变的一套电量保护、非电量保护和高压侧的操作回路及电压切换回路功能；主变压器保护 Ⅱ 屏为 WBH-801 微机变压器保护装置，并配有 FCZ-813S 中压侧和低压断路器操作箱（含中压侧电压切换）、ZYQ-812 高压侧电压切换箱，完成主变的第二套电量保护和中、低压侧的操作回路及高中压侧电压切换回路功能。

其中，电量保护有：差动保护；220kV 复压（方向）过电流，220kV 零序电流保护（零序方向Ⅰ段、零序方向Ⅱ段、零序方向过电流、中性点零序过电流），220kV 间隙保护；110kV 复压（方向）过电流，110kV 零序电流保护（零序方向Ⅰ段、零序方向Ⅱ段、零序方向过电流、中性点零序过电流）；10kV 复压（方向）过电流。非电量保护有本体重瓦斯，调压重瓦斯，压力释放，冷却器故障，绕组温度，油温保护。

3.2.3　任务实施

根据事故处理基本原则及一般程序，通过以上任务分析，正确写出Ⅱ＃主变 220kV 侧 C 相套管闪络（保护正确动作）的处理步骤，并结合《电力安全工作规程》以及各级调度规程和其他的有关规定进行事故处理。

Ⅱ＃主变 220kV 侧 C 相套管闪络（保护正确动作）的处理步骤：

（1）记录时间，恢复警报；记灵故障现象（一次系统接线图 0-1 显示的跳闸断路器位置信息 202、102、002、018 断路器变绿色闪光，相关表计指示 202、102、002、018 断路器回路有功、无功、电流均显示 0 值；合闸断路器位置信息 016 断路器变红色闪光，表计指示 016 断路器回路电流显示正常；Ⅰ＃主变过负荷；告警信息窗显示的事故总信号；保护与重合闸动作信息；断路器跳闸信息），汇报调度及有关人员（5min 之内汇报）。

（2）二次设备组人员检查本站二次设备运行工况，主要检查本站监控机，相关保护屏保护动作情况并与监控机核对保护动作无误（Ⅱ＃主变Ⅰ屏、Ⅱ屏差动保护动作；10kVⅡ母线电容器组Ⅱ低电压保护动作；10kV 分段自投动作）；记录保护动作情况，复归保护信号；复归 202、102、002、018、016 断路器手把停止闪光。

（3）一次设备组人员穿绝缘靴，戴绝缘手套、安全帽，到现场检查跳、合闸断路器 202、102、002、018 断路器在分闸位置，016 断路器在合闸位置，检查Ⅱ＃主变及相关设备（Ⅱ＃主变 220kV 侧 C 相套管闪络，两片瓷裙破裂，Ⅰ＃主变过负荷，其他设备情况正常）。

（4）解除 10kV 分段自投连接片；投入Ⅰ＃主变 10kV 复合电压过电流保护跳开 10kV 016 分段断路器连接片。

（5）合上Ⅰ＃主变中性点 D10-1、D10-2 接地开关。

（6）将Ⅱ＃主变故障隔离。

（7）合上 018 断路器恢复电容器Ⅱ运行。

（8）将事故情况汇报调度及有关领导；向调度要求倒出部分负荷，以减轻Ⅰ＃主变过负荷。

（9）将Ⅱ＃主变转入检修状态（拉开 202-2、102-2、002-2 隔离开关；在Ⅱ＃主变 202-3 隔离开关主变侧验电确无电压，合上 2＃主变 202-D3 接地开关；在Ⅱ＃主变 102-3 隔离开关主变侧验电确无电压，合上Ⅱ＃主变 102-D3 接地开关；在Ⅱ＃主变 002-3 隔离开关主变侧验电确无电压，在Ⅱ＃主变 002-3 隔离开关主变侧挂 2＃地线；拉开站用变Ⅱ＃主变 1 段风冷电源；拉开站用变Ⅱ＃主变 2 段风冷电源；拉开Ⅱ＃主变调压电源）。

（10）将上述情况汇报调度及有关人员，同时准备好Ⅱ♯主变送电的操作票。

3.2.4　拓展提高

（1）变压器事故处理注意事项：①变压器跳闸后若引起其他变压器超负荷时，应尽快投入备用变压器或在规定时间内降低负荷；②根据继电保护的动作情况及外部现象判断故障原因，在未查明原因并消除故障之前，不得送电；③当发现变压器运行状态异常，例如，内部有爆裂声、温度不正常且不断上升、油枕或防爆管喷油、油位严重下降、油化验严重超标、套管有严重破损和放电现象等时，应申请停电进行处理。

（2）到现场检查设备时，工作人员必须穿戴合格的安全用具。若为差动保护动作，到现场检查变压器有无喷油、冒烟及漏油现象，主变气体继电器、压力释放阀、主变各侧套管、引线及接头、有载调压断路器有无异常，各侧断路器是否断开，主变各侧设备有无异常。

任务四　变电站互感器事故处理

互感器是利用电磁感应原理将高电压变成低电压、大电流变成小电流的电气设备。按其作用的不同，分为电压互感器和电流互感器。电压互感器的作用是将高电压变成标准低电压（额定值为 100V），电流互感器的作用是将大电流按比例变换成标准小电流（额定值为 5A 或 10A），以便实现测量仪表、保护设备及自动控制设备的标准化、小型化；并且将二次侧的低电压、小电流设备与高电压系统隔离，确保人身和设备的安全。下面介绍变电站互感器事故处理。

任务 4.1　10kV P01 电压互感器一次侧 A 相熔断器熔断（保护、断路器动作正确）

4.1.1　任务分析

（1）当 10kV P01 电压互感器一次侧 A 相熔断器熔断（保护、断路器动作正确），由 10kVⅠ母线电容器组低电压保护动作跳开电容器Ⅰ011 断路器。

（2）按照事故处理的基本原则及一般程序分析，10kV P01 电压互感器一次侧 A 相熔断器熔断（保护、断路器动作正确）的基本处理思路为：一次设备组、二次设备组（每组检查人员不少于 2 人）分别对一、二次设备进行检查；将 10kV P01 电压互感器隔离；更换 10kV P01 电压互感器一次侧 A 相熔断器，恢复 10kVⅠ母线电压互感器的供电；恢复电容Ⅰ011 电容器组正常运行。

4.1.2　相关知识

（1）10kV P01 电压互感器的作用是利用电磁感应原理将 10kV 高电压变成 100V（额定值）的标准低电压，以便实现测量仪表、保护设备及自动控制设备的标准化、小型化；10kV P01 电压互感器隔离了高电压系统，保证了人身和设备的安全。

（2）10kV P01 电压互感器正常运行方式。

一次部分为：Ⅰ♯主变 001 断路器带 10kVⅠ母线负荷；10kV P01 电压互感器通过 P01-1 隔离开关接 10kVⅠ母线；10kV 016 分段断路器已拉开，016-1、016-2 隔离开关在合闸位置。

二次部分为：10kVⅠ母线所接电容Ⅰ011 电容器组保护：低电压、过电压、过电流和零序平衡保护；10kV 016 分段断路器自投装置运行。

4.1.3 任务实施

根据事故处理基本原则及一般程序，通过以上任务分析，正确写出 10kV P01 电压互感器一次侧 A 相熔断器熔断故障（保护、断路器动作正确）的处理步骤，并结合《电力安全工作规程》以及各级调度规程和其他的有关规定进行事故处理。

10kV P01 电压互感器一次侧 A 侧相熔断器熔断故障（保护、断路器动作正确）的处理步骤：

（1）记录时间，恢复警报；记录故障现象（一次系统接线图 0-1 显示的跳闸断路器位置信息 011 断路器变绿色闪光，相关表计指示 011 断路器回路电流为 0 值；告警信息窗显示的事故总信号；保护与重合闸动作信息；断路器跳闸信息），汇报调度及有关人员（5min 之内汇报）。

（2）二次设备组人员检查本站二次设备运行工况，主要检查本站监控机，电容Ⅰ011 电容器组保护动作情况并与监控机核对保护动作无误（10kVⅠ母线电容器组Ⅰ低电压保护动作）；记录保护动作情况，复归保护信号（欠电压信号不能复归）；复归 011 手把停止闪光。

（3）一次设备组人员穿绝缘靴，戴绝缘手套、安全帽，到现场检查 011 断路器位置（011 断路器在分闸位置）及相关设备（检查 10kV 011 电容器组，P01 电压互感器二次熔断器，10kVⅠ母线未发现异常。

（4）汇报调度，判断为 10kVⅠ母线 P01 电压互感器一次侧熔断器熔断，将 10kV P01 电压互感器隔离（经调度同意后解除Ⅰ♯主变 10kV 复合电压闭锁启动连接片；投入Ⅰ♯主变 10kV 复合电压闭锁短接连接片；取下 10kVⅠ母线电压互感器二次侧熔断器；拉开 10kVⅠ母线电压互感器 P01-1 隔离开关）。

（5）更换 10kV P01 电压互感器一次侧熔断器（在 P01-1 隔离开关电压互感器侧验电确无电压，在 P01-1 隔离开关电压互感器侧挂上 1♯接地线；取下 10kVⅠ母线电压互感器一次侧熔断器，发现 A 相一次熔断器熔断并更换）。

（6）恢复 10kVⅠ母线电压互感器的供电（拆除 P01-1 隔离开关电压互感器侧 1♯接地线；解除Ⅰ♯主变 10kV 复合电压闭锁短接连接片；投入Ⅰ♯主变 10kV 复合电压闭锁启动连接片；合上 10kVⅠ母线电压互感器 P01-1 隔离开关；装上 10kVⅠ母线电压互感器二次侧熔断器；检查 10kVⅠ母线相、线电压表指示正常）；复归 011 欠压信号。

（7）恢复电容Ⅰ011 电容器组正常运行（调度令距 011 断路器跳闸时间应已超过 5min，合上电容Ⅰ011 断路器）。

（8）做好记录报调度，上报领导。

4.1.4 拓展提高

（1）电流互感器的作用是利用电磁感应原理将大电流按比例变换成标准小电流（额定值为 5A 或 10A），可作为测量仪表和继电器的交流电源。

（2）到现场检查设备时，工作人员必须穿戴合格的安全用具。

任务 4.2　10kV P01 电压互感器二次侧 A、B 相熔断器熔断（保护、断路器动作正确）

4.2.1 任务分析

（1）当 10kV P01 电压互感器二次侧 A、B 相熔断器熔断（保护、断路器动作正确），由

10kVⅠ母线电容器组低电压保护动作跳开电容器Ⅰ011断路器。

（2）按照事故处理的基本原则及一般程序分析，110kV P01电压互感器二次侧A、B相熔断器熔断（保护、断路器动作正确）的基本处理思路为：一次设备组、二次设备组（每组检查人员不少于2人）分别对一、二次设备进行检查；更换10kV P01电压互感器二次侧A、B相保险，恢复10kVⅠ母线电压互感器正常运行；恢复电容Ⅰ011电容器组正常运行。

4.2.2　相关知识

（1）10kV P01电压互感器的作用是利用电磁感应原理将10kV高电压变成100V的标准低电压，以便实现测量仪表、保护设备及自动控制设备的标准化、小型化；10kV P01电压互感器隔离了高电压系统，保证了人身和设备的安全。

（2）10kV P01电压互感器正常运行方式。

一次部分为：Ⅰ♯主变001断路器带10kVⅠ母线负荷；10kV P01电压互感器通过P01-1隔离开关接10kVⅠ母线；10kV 016分段断路器已拉开，016-1、016-2隔离开关在合闸位置。

二次部分为：10kVⅠ母线所接电容Ⅰ011电容器组保护：欠电压、过电压、过电流和零序平衡保护；10kV 016分段断路器自投装置运行。

4.2.3　任务实施

根据事故处理基本原则及一般程序，通过以上任务分析，正确写出10kV P01电压互感器二次侧A、B相熔断器熔断（保护、断路器动作正确）的处理步骤，并结合《电力安全工作规程》以及各级调度规程和其他的有关规定进行事故处理。

10kV P01电压互感器二次侧A、B相熔断器熔断（保护、断路器动作正确）的处理步骤：

（1）记录时间，恢复警报；记录故障现象（一次系统接线图0-1显示的跳闸断路器位置信息011断路器变绿色闪光，相关表计指示011断路器回路电流为0值；告警信息窗显示的事故总信号；保护与重合闸动作信息；断路器跳闸信息），汇报调度及有关人员（5min之内汇报）。

（2）二次设备组人员检查本站二次设备运行工况，主要检查本站监控机，电容Ⅰ011电容器组保护屏及相关保护屏保护动作情况并与监控机核对保护动作无误（10kVⅠ母线电容器组低电压保护动作）；记录保护动作情况，复归保护信号（欠电压信号不能复归）；复归011断路器手把停止闪光。

（3）一次设备组人员穿绝缘靴，戴绝缘手套、安全帽，到现场检查011断路器位置（011断路器在分闸位置）及相关设备（检查10kV 011电容器组，10kVⅠ母线、P01电压互感器二次侧熔断器，检查发现P01电压互感器二次侧A、B相熔断器熔断，其他未发现异常）。

（4）汇报调度，更换P01电压互感器二次侧熔断器并投入；复归011欠电压信号。

（5）恢复电容Ⅰ011电容器组正常运行（调度令距011断路器跳闸时间应已超过5min合上电容Ⅰ011断路器）。

（6）做好记录报调度，上报领导。

4.2.4　拓展提高

（1）熔断器是一种安装在电路中，保证电路安全运行的电气元件。熔断器的作用是：当电路发生故障或异常时，伴随着电流不断升高，熔断器就会在电流异常升高到一定值时，自动熔断切断电流，从而起到保护电路电气设备的作用。

（2）到现场检查设备时，工作人员必须穿戴合格的安全用具。

任务五　变电站补偿装置事故处理

变电站常见的补偿装置（无功电源）有并联补偿电容器、静止补偿器等。变电站补偿装置的作用是向电力系统输送无功，改善电网功率因数，降低电网电能损耗，调整电压，提高电能质量。下面介绍变电站补偿装置事故处理。

任务5.1　电容Ⅰ011电容器组引线相间短路（保护、断路器动作正确）

5.1.1　任务分析

（1）当电容Ⅰ011电容器组引线相间短路故障（保护、断路器动作正确），由10kV电容Ⅰ011电容器组过电流动作跳开011断路器切除故障。

（2）按照事故处理的基本原则及一般程序分析，电容Ⅰ011电容器组引线相间短路故障（保护、断路器动作正确）的基本处理思路为：一次设备组、二次设备组（每组检查人员不少于2人）分别对一、二次设备进行检查；将电容Ⅰ011电容器组隔离；安排电容Ⅰ011电容器组检修。

5.1.2　相关知识

（1）电容Ⅰ011电容器组的作用是向系统输送无功，改善电网功率因数，降低电网电能损耗，调整电压，提高电能质量。

（2）电容Ⅰ011电容器组正常运行方式。

一次部分为：Ⅰ#主变001断路器带10kVⅠ母线负荷；电容Ⅰ011电容器组接10kVⅠ母线；10kV 016分段断路器已拉开，016-1、016-2隔离开关在合闸位置。

二次部分为：电容Ⅰ011电容器组保护为欠电压、过电压、过电流和零序平衡保护；016分段断路器自投装置运行。

5.1.3　任务实施

根据事故处理基本原则及一般程序，通过以上任务分析，正确写出电容Ⅰ011电容器组引线相间短路故障（保护、断路器动作正确）的处理步骤，并结合《电力安全工作规程》以及各级调度规程和其他的有关规定进行事故处理。

电容Ⅰ011电容器组引线相间短路故障（保护、断路器动作正确）的处理步骤：

（1）记录时间，恢复警报，记录故障现象（一次系统接线图0-1显示的跳闸断路器位置信息011断路器变绿色闪光，相关表计指示011断路器回路电流为0值；告警信息窗显示的事故总信号；保护与重合闸动作信息；断路器跳闸信息），汇报调度及有关人员（5min之内汇报）。

（2）二次设备组人员检查本站二次设备运行工况，主要检查本站监控机，电容Ⅰ011电容器组保护屏，并与监控机核对保护动作无误（10kV电容Ⅰ011过电流保护动作）；记录保护动作情况，复归保护信号；复归011断路器手把停止闪光。

（3）一次设备组人员穿绝缘靴，戴绝缘手套、安全帽，到现场检查011断路器位置

（011 断路器在分闸位置）及相关设备（检查 10kVⅠ母线、011 断路器短路回路电气间隔设备，发现电容Ⅰ011 电容器组引线相间短路点，其他设备情况正常）。

（4）将电容Ⅰ011 电容器组隔离（拉开电容Ⅰ011-3 隔离开关，检查电容Ⅰ011-3 隔离开关在分闸位置）。

（5）安排电容Ⅰ011 电容器组检修（在电容Ⅰ011-3 隔离开关电容器侧验电确无电压，在电容Ⅰ011-3 隔离开关电容器侧挂 1♯地线；在电容Ⅰ011 电容器组中性点验电确无电压，在电容Ⅰ011 电容器组中性点挂 2♯地线）。

（6）将上述情况汇报调度及有关人员，同时准备好电容Ⅰ011 电容器组送电的操作票。

5.1.4　拓展提高

（1）电力系统的无功电源有同步发电机、调相机、并联补偿电容器、串联补偿电容器、静止补偿器等。

（2）到现场检查设备时，工作人员必须穿戴合格的安全用具。

任务 5.2　电容Ⅰ011 电容器组引线相间短路（011 断路器拒动，分段自投不成功）

5.2.1　任务分析

（1）当电容Ⅰ011 电容器组引线相间短路故障（011 断路器拒动，分段自投不成功），由 10kV 电容Ⅰ011 电容器组过电流保护动作跳电容器 011 断路器，但因 011 断路器拒动，由上一级保护Ⅰ♯主变Ⅰ屏、Ⅱ屏 10kV 复压方向过电流保护 2 时限动作跳Ⅰ♯主变 10kV 本侧 001 断路器切除故障。此时，10kVⅠ母线失压，10kVⅠ母线电容器组欠电压保护动作跳电容器 011 断路器，011 断路器拒动。与此同时，10kV 分段自投动作，自投在电容Ⅰ011 电容器组引线相间短路永久性故障上，10kV 016 分段断路器后加速保护动作，10kV 分段自投不成功。

（2）按照事故处理的基本原则及一般程序分析，电容Ⅰ011 电容器组引线相间短路故障（011 断路器拒动，分段自投不成功）的基本处理思路为：一次设备组、二次设备组（每组检查人员不少于 2 人）分别对一、二次设备进行检查；将电容Ⅰ011 电容器组及 011 断路器隔离；恢复 10kVⅠ母线的供电；安排电容Ⅰ011 电容器组及 011 断路器检修。

5.2.2　相关知识

（1）电容Ⅰ011 电容器组的作用是向系统输送无功，改善电网功率因数，降低电网电能损耗，调整电压，提高电能质量。

（2）电容Ⅰ011 电容器组正常运行方式。

一次部分为：Ⅰ♯主变 001 断路器带 10kVⅠ母线负荷；电容Ⅰ011 电容器组接 10kVⅠ母线；10kV 016 分段断路器已拉开，016-1、016-2 隔离开关在合闸位置。

二次部分为：电容Ⅰ011 电容器组保护为欠电压、过电压、过电流和零序平衡保护；016 断路器自投装置运行；Ⅰ♯主变压器配置两套保护，主变压器保护Ⅰ屏为 WBH-801（集成了一台变压器的全部主后备电量保护），和 WBH-802（集成了变压器的全部非电量类保护）微机变压器保护装置，并配有 FCZ-832S 高压侧断路器操作箱（含电压切换），完成主变的一套电量保护、非电量保护和高压侧的操作回路及电压切换回路功能；主变压器保护Ⅱ屏为 WBH-801 微机变压器保护装置，并配有 FCZ-813S 中压侧和低压断路器操作箱（含中压侧电压切换），ZYQ-812 高压侧电压切换箱，完成主变的第二套电量保护和中、低压侧的操作回路及高中压侧电压切换回路功能。

其中，电量保护有：差动保护；220kV 复压（方向）过电流，220kV 零序电流保护（零序方向Ⅰ段、零序方向Ⅰ段、零序方向过电流、中性点零序过电流），220kV 间隙保护；110kV 复压（方向）过电流，110kV 零序电流保护（零序方向Ⅰ段、零序方向Ⅱ段、零序方向过电流、中性点零序过电流）；10kV 复压（方向）过电流。

5.2.3　任务实施

根据事故处理基本原则及一般程序，通过以上任务分析，正确写出电容Ⅰ011电容器组引线相间短路故障（011断路器拒动，分段自投不成功）的处理步骤、并结合《电力安全工作规程》以及各级调度规程和其他的有关规定进行事故处理。

电容Ⅰ011电容器组引线相间短路故障（011断路器拒动，分段自投不成功）的处理步骤：

（1）记录时间，恢复警报；记录故障现象（一次系统接线图0-1显示的跳闸断路器位置信息001断路器变绿色闪光，相关表计指示011断路器回路有功、无功、电流均显示0值；10kVⅠ母线失压，10kVⅠ母线电压表指示为0；告警信息窗显示的事故总信号；保护与重合闸动作信息；断路器跳闸信息），汇报调度及有关人员（5min之内汇报）。

（2）二次设备组人员检查本站二次设备运行工况，主要检查本站监控机，电容Ⅰ011电容器组保护屏及相关保护屏保护动作情况并与监控机核对保护动作无误（10kV 电容Ⅰ011过电流保护动作；Ⅰ♯主变Ⅰ屏、Ⅱ屏10kV复压方向过电流保护1时限动作；Ⅰ♯主变Ⅰ屏、Ⅱ屏10kV复压方向过电流保护2时限动作；10kVⅠ母线电容器组低电压保护动作；10kV分段自投动作；10kV 016分段断路器后加速保护动作）；记录保护动作情况，复归保护信号；复归001手把停止闪光。

（3）一次设备组人员穿绝缘靴、戴绝缘手套、安全帽，到现场检查001、011断路器位置（011断路器拒动在合闸位置、001断路器在分闸位置）及相关设备（检查10kVⅠ母线、001、011短路回路电气间隔设备，检查发现电容器组引线损坏严重，其他设备均无异常）。

（4）汇报调度，调度令将电容Ⅰ011电容器组及011断路器隔离（拉开电容Ⅰ011断路器，不能拉开；解锁拉开电容Ⅰ011-3隔离开关，检查电容Ⅰ011-3隔离开关在分闸位置；拉开电容Ⅰ011-1隔离开关，检查电容Ⅰ011-1隔离开关在分闸位置）。

（5）调度令恢复10kVⅠ母线的供电（试合Ⅰ♯主变001断路器，10kVⅠ母线恢复正常运行，10kVⅠ母线电压表指示正常）。

（6）将以上情况做好记录汇报调度及有关领导，安排电容Ⅰ011断路器及电容器组转入检修状态（在电容Ⅰ011-1隔离开关断路器侧验电确无电压，在电容Ⅰ011-1隔离开关断路器侧挂1♯地线；在电容Ⅰ011-3隔离开关断路器侧验电确无电压，在电容Ⅰ011-3隔离开关断路器侧挂2♯地线；在电容Ⅰ011-3隔离开关电容器侧验电确无电压，在电容Ⅰ011-3隔离开关电容器侧挂3♯地线；在电容Ⅰ011电容器组中性点验电确无电压，在电容Ⅰ011电容器组中性点挂4♯地线；取下电容Ⅰ011断路器控制熔断器；取下电容Ⅰ011断路器主合闸熔断器）；检查011断路器拒动原因，并检修电容Ⅰ011断路器及电容器组。

（7）将上述情况汇报调度及有关人员，同时准备好电容Ⅰ011断路器及电容器组送电的操作票。

5.2.4　拓展提高

（1）电力系统的无功电源有同步发电机、调相机、并联补偿电容器、串联补偿电容器、静止补偿器等。

（2）到现场检查设备时，工作人员必须穿戴合格的安全用具。

任务六　变电站站用电、直流系统事故处理

变电站站用电系统主要由站用变压器、400V 交流进线电源屏、馈线及用电元件等组成；其主要作用是提供：变压器冷却装置电源，变压器有载调压电源，断路器的空压机电源和油泵电源，隔离开关的操作电源，断路器和隔离开关机构箱内加热驱潮电热，直流充电装置的交流输入，消防泵电源，通风系统电源，UPS 不间断电源的交流输入，照明、动力、检修电源及生活用电。

变电站直流系统主要由蓄电池组、充电模块、绝缘监察装置、直流母线、馈线负荷等组成。其主要作用是提供：变电站中控制、信号、保护、自动装置及事故照明等可靠的直流电源，断路器、变压器中性点接地开关的操作电源等。

变电站站用电、直流系统对变电站安全运行起着至关重要的作用。下面介绍变电站站用电、直流系统事故处理。

任务 6.1　Ⅰ#站用变短路故障 015 断路器跳闸（保护、断路器动作正确）

6.1.1　任务分析

（1）当Ⅰ#站用变短路故障 015 断路器跳闸（保护、断路器动作正确），由Ⅰ#站用变过电流保护动作跳开 015 断路器切除故障。

（2）按照事故处理的基本原则及一般程序分析，Ⅰ#站用变短路故障 015 断路器跳闸（保护、断路器动作正确）的基本处理思路为：一次设备组、二次设备组（每组检查人员不少于 2 人）分别对一、二次设备进行检查；将Ⅰ#站用变短路故障隔离；恢复Ⅰ#主变风冷电源的供电；安排Ⅰ#站用变检修。

6.1.2　相关知识

（1）Ⅰ#站用变的作用是将 10kVⅠ母线分配的 10kV 电压等级的电能经Ⅰ#站用变降压变成 400V 电压等级的电能分别送给 380VⅠ母线所带负荷。

（2）1#站用变正常运行方式。

一次部分为：Ⅰ#站用变通过 015 断路器与 10kVⅠ母线相连，低压侧通过 381 断路器与低压 380/220VⅠ母线相连；Ⅱ#站用变通过 021 断路器与 10kVⅡ母线相连，低压侧通过 382 断路器与低压 380/220VⅡ母线相连；Ⅰ#、Ⅱ#站用变低压侧为单母线分断接线，低压Ⅰ母线、Ⅱ母线分段断路器 312 断路器已拉开（热备用状态）。

二次部分为：Ⅰ#、Ⅱ#站用变配置有 RCS—9621A 成套保护装置。

6.1.3　任务实施

根据事故处理基本原则及一般程序，通过以上任务分析，正确写出Ⅰ#站用变短路故障 015 断路器跳闸（保护、断路器动作正确）的处理步骤，并结合《电力安全工作规程》以及各级调度规程和其他的有关规定进行事故处理。

Ⅰ♯站用变短路故障 015 断路器跳闸（保护、断路器动作正确）的处理步骤：

（1）记录时间，恢复警报；记录故障现象（一次系统接线图 0-1 显示的跳闸断路器位置信息 015 断路器变绿色闪光，相关表计指示 015 断路器回路有功、无功、电流均为 0 值；380VⅠ母线失压，380VⅠ母线电压表指示为 0；告警信息窗显示的事故总信号；保护与重合闸动作信息；断路器跳闸信息），汇报调度及有关人员（5min 之内汇报）。

（2）二次设备组人员检查本站二次设备运行工况，主要检查本站监控机，Ⅰ♯站用变保护屏，并与监控机核对保护动作无误（Ⅰ♯站用变过电流保护动作）；记录保护动作情况，复归保护信号；复归 015 手把停止闪光。

（3）一次设备组人员穿绝缘靴，戴绝缘手套、安全帽，到现场检查 015 断路器位置（015 断路器在分闸位置）及相关设备（检查 380VⅠ母线、Ⅰ♯站用变、电缆等相关设备，检查未发现明显异常）。

（4）检查Ⅰ♯主变风冷电源已自动切换至Ⅱ♯站用变供电。

（5）将Ⅰ♯站用变故障隔离（拉开 015-3 隔离开关；拉开Ⅰ♯站用变二次侧 381 总断路器）。

（6）恢复Ⅰ♯主变风冷电源的供电（合上 380V 站用 312 分段断路器；检查Ⅰ♯主变风冷电源已自动切换至主供电源供电）。

（7）将Ⅰ♯站用变转入检修状态（在Ⅰ♯站用变 015-3 隔离开关站用变侧验电确无电压，在Ⅰ♯站用变 015-3 隔离开关站用变侧挂 1♯地线；在Ⅰ♯站用变低压 381 断路器站用变侧验电确无电压，在Ⅰ♯站用变低压 381 断路器站用变侧挂 2♯地线）。

（8）做好记录报调度，上报领导对Ⅰ♯站用变做进一步检查并进行检修，同时准备好Ⅰ♯站用变送电的操作票。

6.1.4　拓展提高

（1）站用电交流电源故障处理基本原则。

1）若站用电交流电源发生故障全部中断时，要尽快投入备用电源，并注意首先恢复重要的负荷，以免过大的电流冲击；若在晚上则要投入必要的事故照明。

2）处理过程中，要注意站用电交流电源对设备运行状态的影响，要对设备进行详细检修，恢复一些不能自动恢复的状态。

3）迅速查明故障原因并尽快消除。

（2）到现场检查设备时，工作人员必须穿戴合格的安全用具。

任务 6.2　变电站直流系统接地故障

6.2.1　任务分析

（1）当变电站直流系统接地故障时，直流接地绝缘监测装置发出告警信号，应立即查看直流接地绝缘监测装置内信息，判明接地故障方位以及哪极接地和对地绝缘电阻值。

（2）按照事故处理的基本原则及一般程序分析，变电站直流系统接地故障的基本处理思路为：检查直流系统情况，查找直流系统接地点并排除接地点，恢复直流系统正常运行。

6.2.2　相关知识

（1）变电站直流系统的作用是为变电站的控制、信号、保护、自动装置及事故照明等提供可靠的直流电源，为断路器、变压器中性点接地开关提供可靠的操作电源等。

（2）变电站直流系统正常运行方式：单母线分段，双组蓄电池，控制母线与合闸母线共用。高频开关充电屏Ⅰ接Ⅰ段直流母线，高频开关充电屏Ⅱ接Ⅱ段直流母线，直流Ⅰ、Ⅱ段分段运行，Ⅰ段母线切换开关切至Ⅰ♯充电屏，Ⅱ段母线切换开关切至Ⅱ♯充电屏，Ⅲ♯充电屏可代Ⅰ♯、Ⅱ♯充电屏运行。直流Ⅰ段母线上负荷分配：第一组控制保护电源开关均投入，Ⅰ♯主变冷控箱、事故照明切换开关等投入，第二组控制保护电源开关均退出且将熔断器扭松；直流Ⅱ段母线上负荷分配：第二组控制保护电源开关均投入，Ⅱ♯主变冷控箱、UPS电源屏等开关投入，第一组控制保护电源开关均退出且将熔断器扭松。

6.2.3 任务实施

根据事故处理基本原则及一般程序，通过以上任务分析，正确写出变电站直流系统接地故障的处理步骤，并结合《电力安全工作规程》以及各级调度规程和其他的有关规定进行事故处理。

变电站直流系统接地故障的处理步骤：

（1）记录时间，恢复警报；记录故障现象（当直流接地绝缘监测装置发出告警信号时，应立即查看直流接地绝缘监测装置内信息，判明接地故障方位以及哪极接地和对地绝缘电阻值），汇报调度，并告知监控中心。

（2）分工：值班负责人进行分工，明确直流系统检查责任人，简要交代检查重点和内容，明确安全注意事项。

（3）检查直流系统情况：①确定站内二次回路上有无工作或设备检修试验，如有工作应立即停止工作，查询有无发生接地；②根据直流系统绝缘在线监察及接地故障定位装置的显示，查看是哪条支路接地；③判断接地极性；④检查室外端子箱、机构箱门是否关严，箱内二次回路有无受潮；⑤检查蓄电池、工作电源是否正常。

（4）将下列情况详细向调度汇报：直流接地现象；现场检查工作情况；天气情况；人身安全情况。

（5）查找直流系统接地点并排除接地点：在直流接地绝缘监测装置不能判明故障地点的情况下，用分网法缩小查找范围，将直流系统分成几个不相联系的部分，但需要注意不能使保护失去电源，操作电源尽量使用蓄电池；对于不重要的直流负荷和不能转移的分路，利用瞬时停电法（每个回路断电时间愈短愈好，一般约为3s）检查该路有无接地故障。

瞬时停电法查找和排除直流接地时，应按下列顺序进行：①断开现场临时工作电源；②断合事故照明回路；③断合通信电源；④断合附属设备；⑤断合充电回路；⑥断合合闸回路；⑦断合信号回路；⑧断合操作回路；⑨断合蓄电池回路。

每拉开一条支路，查看接地现象是否消失，接地现象消失的支路有直流系统接地点并排除接地点。

（6）向调度和监控中心汇报：直流接地现象，直流接地处理后运行情况。

（7）将上述情况均记录在PMS系统中。

6.2.4 拓展提高

（1）220kV变电站或重要110kV变电站直流系统，常采用两组蓄电池，两套充电装置（简称2+2方式）；两段母线分列运行，分段断路器正常断开；重要负荷由两段母线分别供电，任何一段母线停电均不会使重要负荷停电，每段母线均有绝缘监察装置和电压监视装置。

（2）变电站直流系统电源故障处理注意事项。

1）若直流系统电源发生故障全部中断时，要尽快投入备用电源，并注意首先恢复重要的负荷，以免过大的电流冲击；若在晚上则要投入必要的事故照明。

2）处理过程中，要注意直流电源对设备运行状态的影响，要对设备进行详细检修，恢复一些不能自动恢复的状态。

3）直流接地点的查找必须严格按现场规程进行，不得造成另一点接地或直流短路。

4）迅速查明故障原因并尽快消除。

（3）到现场检查设备时，工作人员必须穿戴合格的安全用具。

附录 《变电运行》技能训练题目

项目一 变电站电气设备巡视
任务 1.1 写出变压器巡视的基本内容及标准

任务 1.2 写出断路器巡视的基本内容及标准

任务 1.3 写出隔离开关巡视的基本内容及标准

任务 1.4 写出母线巡视的基本内容及标准

任务 1.5 写出电容器巡视的基本内容及标准

任务 1.6 写出电流互感器巡视的基本内容及标准

任务 1.7 写出电压互感器巡视的基本内容及标准

任务 1.8 写出继电保护装置巡视的基本内容及标准

任务 1.9 写出 CAS-225E 型备用电源自动投入装置巡视的基本内容及标准

任务 1.10 写出变电站站用电系统巡视的基本内容及标准

任务 1.11 写出变电站直流系统巡视的基本内容及标准

项目二 变电站电气设备维护
任务 2.1 写出变压器维护的基本项目

任务 2.2 写出断路器维护的基本项目

任务 2.3 写出隔离开关维护的基本项目

任务 2.4 写出母线维护的基本项目

任务 2.5 写出电容器维护的基本项目

任务 2.6 写出防雷设备维护的基本项目

任务 2.7 写出互感器维护的基本项目

任务 2.8 写出继电保护及安全自动装置维护的基本项目

任务 2.9 写出继电保护定值维护的基本项目

任务 2.10 写出变电站站用电系统维护的基本项目

任务 2.11 写出变电站电直流系统维护的基本项目

项目三 变电站倒闸操作
任务 3.1 写出 10kV 纺织线 010 断路器由运行转检修的基本步骤

任务 3.2 写出 10kV 纺织线 010 断路器由检修转运行的基本步骤

任务 3.3 写出 110kV 电站Ⅰ线 111 断路器由运行转检修的基本步骤

任务 3.4 写出 110kV 电站Ⅰ线 111 断路器由检修转运行的基本步骤

任务 3.5 写出 220kV 电厂Ⅰ线 221 断路器由运行转检修的基本步骤

任务 3.6 写出 220kV 电厂Ⅰ线 221 断路器由检修转运行的基本步骤

任务 3.7 写出 10kV 纺织线线路由运行转检修的基本步骤

任务 3.8 写出 10kV 纺织线线路由检修转运行的基本步骤

任务 3.9 写出 110kV 电站Ⅰ线线路由运行转检修的基本步骤

任务 3.10 写出 110kV 电站Ⅰ线线路由检修转运行的基本步骤

任务 5.4 写出 10kV 纺织线 010 线路远端相间瞬时性故障（保护、断路器动作正确，重合闸投入）的基本处理步骤

任务 5.5 写出 10kV 纺织线 010 线路远端相间永久性故障（保护、断路器动作正确，重合闸投入）的基本处理步骤

任务 5.6 写出 10kV 纺织线 010 线路正常运行中带负荷拉线路侧 010-3 隔离开关（保护、断路器动作正确，重合闸投入）的基本处理步骤

任务 5.7 写出 10kV 纺织线 010 线路运行中带负荷拉线路侧 010-3 隔离开关（010 线路保护拒动，分段自投不成功）的基本处理步骤

任务 5.8 写出 10kV 电站Ⅰ线 111 线路近端 A 相瞬时性故障（保护、断路器正确动作，重合闸投入）的基本处理步骤 1

任务 5.9 写出 110kV 电站Ⅰ线 111 线路近端相间永久性故障（保护、断路器正确动作，重合闸投入）的基本处理步骤

任务 5.10 写出 110kV 电站Ⅰ线 111 线路侧带电挂接地开关 111-D3，造成相间故障（线路保护拒动）的基本处理步骤

任务 5.11 写出 220kV 电厂Ⅰ线 221 线路近端 A 相瞬时性故障（保护、断路器动作正确，单重运行）的基本处理步骤

任务 5.12 写出 220kV 电厂Ⅰ线运行中带电误合线路侧 221—D3 接地开关（221 断路器拒动）的基本处理步骤

任务 5.13 写出 10kVⅠ母线相间永久性故障（保护、断路器动作正确，分段自投不成功）的基本处理步骤

任务 5.14 写出 110kVⅠ母线相间永久故障（保护、断路器正确动作）的基本处理步骤

任务 5.15 写出 220kVⅠ母线 A 相永久故障（母差保护拒动）的基本处理步骤

任务 5.16 写出Ⅰ主变内部相间故障（保护正确动作）的基本处理步骤

任务 5.17 写出Ⅱ主变 220kV 侧 C 相套管闪络（保护正确动作）的基本处理步骤

任务 5.18 写出 10kV P01 电压互感器一次 A 相熔断器熔断（保护、断路器动作正确）的基本处理步骤

任务 5.19 写出 10kV P01 电压互感器二次 A、B 相熔断器熔断（保护、断路器动作正确）的基本处理步骤

任务 5.20 写出电容Ⅰ011 电容器组引线相间短路（保护、断路器动作正确）的基本处理步骤

任务 5.21 写出电容Ⅰ011 电容器组引线相间短路（011 断路器拒动，分段自投不成功）的基本处理步骤

任务 5.22 写出Ⅰ#站用变短路故障 015 断路器跳闸（保护、断路器动作正确）的基本处理步骤

任务 5.23 写出变电站直流系统接地故障的基本处理步骤

参 考 文 献

[1] 张红艳. 变电运行（220kV）（下）. 北京：中国电力出版社，2010.

[2] 钱振华. 电气设备倒闸操作技术问答. 4 版. 北京：中国电力出版社，2009.

[3] 杨娟. 电气运行技术. 北京：中国电力出版社，2009.

[4] 焦日升. 变电站事故分析与处理. 北京：中国电力出版社，2009.

[5] 李火元. 电力系统继电保护及自动装置. 北京：中国电力出版社，2006.

[6] 湖南省电力公司. 湖南电网继电保护现场运行导则，2010.